洪水预报不确定性分析及概率预报

樊孔明　曹炎煦　著

东南大学出版社
SOUTHEAST UNIVERSITY PRESS

·南京·

内 容 简 介

本书对洪水预报不确定性分析及概率预报的理论进行了研究,基于新安江水文模型,利用抽站法衍生得到的江西省雨量站网公式反推在给定降雨预报值条件下的降雨真值的概率分布,从而进一步获得考虑降雨不确定性的洪水概率预报结果;再利用 MCMC 抽样方法中的自适应 MetroPolis 算法(AM 算法),将新安江模型中的表层自由水蓄水容量和河网蓄水消退系数作为敏感参数进行参数不确定性分析,从而得到考虑模型参数不确定性的洪水概率预报结果;最后采用随机抽样的方法将降水不确定性和参数不确定性进行全要素耦合,得到综合两种不确定性的洪水概率预报结果。分析比较考虑降水不确定性、模型参数不确定性和全要素耦合的预报结果,得到三种预报结果不确定性大小关系,从降雨径流机制解释其具有合理性。

本书具有一定的系统性和实践性,可供从事水文预报、水文水资源等领域的专业技术研究人员和师生参考。

图书在版编目(CIP)数据

洪水预报不确定性分析及概率预报 / 樊孔明,曹炎煦著. — 南京 : 东南大学出版社,2019.6
ISBN 978 - 7 - 5641 - 8449 - 0

Ⅰ.①洪⋯   Ⅱ.①樊⋯ ②曹⋯   Ⅲ.①洪水预报-研究   Ⅳ.①P338

中国版本图书馆 CIP 数据核字(2019)第 118839 号

洪水预报不确定性分析及概率预报

著　　者	樊孔明　曹炎煦
出版发行	东南大学出版社
出 版 人	江建中
社　　址	南京市四牌楼 2 号
邮　　编	210096
经　　销	全国各地新华书店
印　　刷	江苏凤凰数码印务有限公司
开　　本	700 mm×1000 mm　1/16
印　　张	8
字　　数	158 千字
版　　次	2019 年 6 月第 1 版
印　　次	2019 年 6 月第 1 次印刷
书　　号	ISBN 978 - 7 - 5641 - 8449 - 0
定　　价	36.00 元

(本社图书若有印装质量问题,请直接与营销部联系。电话:025 - 83791830)

前　　言

　　洪水预报是非工程防洪减灾措施的重要组成内容,因其在前期投入相对不大,理论基础相对坚实等优势,在水科学研究中一直比较活跃。但一直以来,洪水预报提供的都是一种确定性的定值预报,无法对调度方案及防洪决策的可能风险做出客观评估。淮河流域地处南北气候过渡带,气候复杂多变,平原广阔,人口密集,土地开发利用程度高,加之历史上受黄河长期夺淮的影响,洪涝旱灾害严重,随着对洪水预报精准度、行蓄洪区调度决策和风险管理水平的要求越来越高,现有洪水预报的手段与方式难以适应新形势下流域防洪减灾和行蓄洪区调度管理的需要,所以,黄泥庄流域作为淮河流域的一个典型子流域,对其进行概率预报模型的建立与方法的探索,对于提高洪水预报能力和丰富预报信息内容以及淮河流域实际防灾减灾工作具有重要的意义。

　　本书基于新安江水文模型,利用抽站法衍生得到的江西省雨量站网公式得到给定降雨预报值条件下的降雨真值的概率分布,从而进一步获得考虑降雨不确定性的洪水概率预报结果;再利用 MCMC抽样方法中的自适应 MetroPolis 算法(AM 算法),将新安江模型中的表层自由水蓄水容量和河网蓄水消退系数作为敏感参数进行参数不确定分析,从而得到考虑模型参数不确定性的洪水概率预报结果;最后采用随机抽样的方法将降水不确定性和参数不确定性进行全要素耦合,得到综合两种不确定性的洪水概率预报结果。分析比较考虑降水不确定性、模型参数不确定性和全要素耦合的预报结果,得到三种预报结果不确定性大小关系,从降雨径流机制解释其具有合理性。

全书分为 6 章,第 1 章主要介绍水文预报理论、水文模型以及水文预报不确定性的国内外研究进展;第 2 章主要介绍了洪水概率预报的理论与方法,并基于新安江模型对黄泥庄流域进行了确定性的洪水预报;第 3 章主要论述考虑降雨不确定性的洪水概率预报方法;第 4 章主要论述了考虑模型不确定的洪水概率预报方法;第 5 章主要论述不确定性要素耦合下的洪水概率预报;第 6 章对本书研究进行了总结和展望。

本书在撰写过程中得到了河海大学梁忠民教授的悉心指导,在此向梁忠民教授致以崇高的敬意和诚挚的感谢!

本书依托国家自然科学基金项目"基于贝叶斯理论的流域水文模型预报不确定性分析方法研究(50779013)"进行相关研究,衷心感谢淮委水文局提供的相关水文资料,使得本书能够顺利完成。

本书在编写过程中,参考了大量的国内外文献资料,在此向所有文献作者表示衷心感谢。由于作者水平有限,书中难免有诸多不完善之处,恳请读者批评指正。

著者
2019 年 1 月

目　录

1 绪 论

1.1 研究目的及意义

水文预报是指根据前期或现时的水文气象资料,通过运用水文学、气象学和水力学的原理和方法,对河流等水体在未来一定时间段内的水文状况作出定性或者定量的预测[1]。它为重大防洪措施的决策提供科学依据,在防汛、抗旱、水资源合理开发利用、国民经济建设和国防等领域都有广泛的应用,经济效益巨大,应用单位较多,历来受到各方面的关注,也是应用水文学中发展最快的分支[2]。

随着计算机技术的迅速发展,水文预报在其理论和技术实践方面都有了突飞猛进的发展,预报精度有所提高,预见期有所延长,为现代生产实际中的防洪决策提供了丰富的信息[3]。近年来已有不少运用比较成熟的水文模型面世,按照模型的构建基础可以将其分为物理模型、概念性模型和黑箱子模型。其中,概念性水文模型是将复杂的水文过程转化成数学模型进行计算,从而将流域内降雨等输入转化成流域出口断面的流量等输出。现在运用比较广泛的概念性水文模型主要有斯坦福模型、萨克拉门托模型、水箱模型和新安江模型等。

但是由于水文模型只是对于客观水文过程的一种仿

真,所以其预报结果总是与实际真实值有差别[4]。造成这种差别的原因主要有以下几个方面的不确定性:水文模型输入数据的不确定性(主要表现在预见期内的降雨)、模型本身结构造成的误差以及模型参数的不确定性[5]。

目前降水预报主要有三种途径:短期定量降水预报[6]、数值模拟[7]和人工干预洪水预报[8]。但是由于降水预报精度普遍偏低,因此得到的洪水预报结果也必然受到降水预报不确定性的影响。这种由于降水预报不确定性引起的洪水预报不确定性称作定量降水预报不确定性,它是水文预报不确定性中的支配因素[9]。因此,通过寻找一种途径去量化这样的降水预报不确定性对于进一步提高水文预报精度有着重要的意义。

由于存在除了以上所述的降水预报不确定性以外,还有其他一些误差来源,如模型结构误差、历史水文资料误差等,导致了即使采用最全面最有效的全局优化算法进行水文模型参数的优选,每次搜索到的最优参数组合也不尽相同,个别参数有时差异还特别大,但是这些参数组合却能使得水文模型的目标函数如确定性系数达到同样的数值水平,这种现象就叫做异参同效[10-12]。由于在实际的洪水预报中仅采用一套参数组合,异参同效现象无疑让选取最优模型参数存在很大的不确定性,继而引起模型输出的不确定性。因此通过寻找一种途径去量化这样的模型参数不确定对于进一步提高水文预报精度也同样有着重要的意义。

近年来,随着对水文预报不确定性的重视,概率水文预报逐渐成为发展趋势。它除了可以提供均值预报外,还可提供预报值发生的概率估计及置信区间预报,为防洪调度提供更丰富的预报信息[13]。概率预报是将系统的输入、模型的参数视为符合一定分布的随机变量,则系统的输出也可用一定的概率分布来表示。这种预报方法综合了各种随机因素对水文预报结果的影响,统一处理了包括在一种物理过程内的确定性规律部分和随机性规律部分,具有明显的合理性。因此,借助于概率水文预报这一新途径可以同时提供水文模型的计算结果和模型计算结果的不确定度,使得建立的模型更具有科学性。因此研究概率水文预报对于完善洪水预报理论、改善预报精度和为防洪调度提供科学依据均有着重要的理论价值和现实意义。

1.2　水文预报不确定分类

　　不确定性是未来事件的基本特征,从严格意义上来说,不确定性是世界的普遍特征,不确定性是绝对的,确定性是相对的。不确定性是主观的,也是客观的。不确定性一般包括随机性、模糊性和混沌三种类型。模糊性产生的原因主要有四方面:一是因为人类本身自有的认识模糊,对同一个事物经常有两种或多种解释;二是因为人类的认识错觉,将相同的事物附着其他一些配件而造成不同认识的失误;三是语言与事物实质差异性的评价模糊;四是因为测量本身无法精确,两次测量的结果不一样,形成测量模糊,可能表现在对原因、过程以及结果的测量过程中。

　　模糊性与随机性是两种截然不同的不确定性。模糊性是指事物性质本身具有不确定性。用隶属函数描述模糊性,是在模糊性中找出客观性,并将判断事物的"是"或"非"的问题转化为用"有多大隶属程度"描述的模糊性问题。当然,隶属函数的确定问题远非如此简单,在隶属程度的确定过程中常不可避免地掺杂人的心理因素。迄今,还没有找到如同频率(概率)这样简单的、合理的统一方法来确定模糊集的隶属函数。

　　与随机性和模糊性都不一样,混沌是另一种不确定性。早期的物理学是牛顿的确定性物理学。到近代,研究布朗运动,无法用确定性的方法来描述分子的运动轨迹,转而使用随机的统计方法;量子力学的"测不准原理",说明无法同时精确测量位置和速度两个量。混沌理论告诉人们确定性的系统也可能出现不确定性的状态,它在确定性和随机性之间建立了一座桥梁,将确定性与随机性联系起来。

导致不确定性的原因很多,一般认为主要包括以下几种:

一是原因(或者影响因素)的不确定,既包括运行过程中影响原因的不确定,如随机性的冲击、模糊的冲击、作用时间的不确定,又包括干预运行过程的手段不确定,如预测不确定导致制定的政策与政策实施的不确定。二是结果的不确定。一个是因素或者冲击引起的结果可能会有多种,每一种都有差异。即使同一种冲击,导致的结果也不确定,表现为结果出现的时间与地点不确定、结果本身不确定、结果的影响不确定以及结果出现的形式不确定等。三是过程的不确定。同一个冲击从出现到产生影响结果,其路径可能不一样,存在很多路径。不同的冲击达到结果的路径不一样,不同的冲击一般存在不同的路径。虽然条条大路通罗马,但每一条路对每一个人都是不一样的,不同的人走相同的路也有差异,有的人在甲地停留,而有的人在乙地或者丙地逗留,或者不停留。四是观测的不确定,主要包括观测手段不确定、观测结果不确定、观测者不确定等,不同的观测者使用同样的手段获得的观测结论往往也不一样。实际上,经常有很多的手段可以选择,结果这样不确定性程度更大。一个古老的故事是,两个销售皮鞋的销售员都观察到一个岛上的居民全部都不穿鞋。一个认为机会来临了,存在巨大的市场潜力,而另一位则认为这里不存在市场,因为他们都不穿鞋。五是对结果看法的不确定。上面的例子说明,不同的人对观测结果判断的不确定性,实际上对于其他的观测结果也会存在不同看法,这将导致决策的差异,不同的决策实施之后就将有不同的结果。六是时间具有单向流逝性。时间的单向流逝，使很多不愿意实施的政策、行为、活动都因为被强制投放到运行之中，无法修正也难以修正。即使对之前的行为进行修正，政策从制定、实施到发生作用也有时间的先后。观测的不确定和对结果看法的不确定可以归纳为主观不确定性，或者说理性的缺陷。理性在社会发展过程的任何阶段都有其难以逾越的障碍，个体总要面临各种不确定性。人们一直希望不断地消除对观察手段与结果判断的盲目性。盲目性是人类探索未知世界必须付出的代价。

综合水文预报不确定性的来源，本书将其分为水文现象的不确定性、水文模型的不确定性及输入不确定性[14-17]三类。

1) 水文现象不确定性

水文现象异常复杂，水文过程在发生、发展和演变过程中受到多因素（初始条件、噪声干扰及其他因素）的影响，使得其状态体现出混沌、模糊和无序的现象，称之为水文现象不确定性，这也是水文预报中不确定性存在的根本原因。

2) 水文模型不确定性

迄今为止水文模型可数以百计，它们都是来自众多水文学者对于水文现象的不同理解和解释，在初始条件、边界条件等方面进行了大量假定，并在结构上进行了简化。所以每一个模型都有其特点和不足，任何模型都无法保证其对水文现象描述的准确性。水文模型不确定性又可分为水文模型结构的不确定性及模型参数的不确定性。前者体现了各个不同水文模型构建的理论基础，因为每个水文模型的构建都是基于不同物理基础或不同数学关系，所以它们本身就存在结构方面的不确定性;后者则体现了由于异参同效现象的存在,每个模型内部的最优参数组合都是不确定的。

3) 输入不确定性

水文模型输入分为确定性输入和不确定性输入。确定性输入是包括在预报时刻已知的水位、流量、降水、蒸发等水文资料,其不确定性需要通过水文模型的输出来反映,由此产生的不确定性可作为水文模型不确定性的先验分布加以综合考虑;不确定性输入则主要是指预见期内降水预报的不确定性,由于目前定量降水预报精度普遍偏低,若能考虑降水预报不确定性,并将其与水文模型进行耦合,则能够有效提高洪水预报精度。在此声明,如无特殊说明,下文中所提及"输入不确定性"均只包含确定性输入中的降水输入不确定性。

1.3　国内外研究进展

1.3.1　水文预报理论的研究进展

　　水文预报技术是人类在与洪水灾害长期斗争的客观需求推动下发展起来的。作为防汛减灾的"耳目"和"参谋",准确及时的水文预报为防汛决策提供了重要的科学依据,可以获得减免洪水灾害损失的巨大经济和社会效益,日益受到普遍的重视与关注。

　　水文预报理论的核心内容包括产流理论与汇流理论。产流理论主要是降雨径流形成理论和坡地产流基本规律及其定量计算,汇流理论主要是研究水流(如地面径流、壤中流和地下径流)沿汇流路径的运动过程及计算方法[2]。产汇流理论的发展起源很早,19 世纪以前人们对产汇流现象仅有感性认识或只能做简单定量计算,在 19 世纪,达西(Darcy)等提出了达西渗流定律,奠定了土壤水和地下水动力学研究的基础,1871 年,法国科学家圣维南(St. Venant)在牛顿力学的基础上,提出了圣维南(St. Venant)方程组,为研究河道和坡面洪水运动以及流域汇流奠定了基础。此后在 20 世纪产、汇流理论得到长足发展,在产流理论方面,霍顿(Horton)于 1931 年发表了论文《在水文循环中下渗的作用》,并于 1932 年提出下渗理论。1935 年他的著名论文《地表径流现象》中,提出了均质包气带的产流理论,在文中阐明了超渗地面径流和地下径流的形成机理,自此产流理论开始取得重大突破。20 世纪 60 年代,以赵人俊为首的我国水文学者通过大量的实验和分析研究,指出湿润地区以蓄满产流为主和干旱地区以超渗产流为主,从而使霍顿理论得到了较为广泛的应用。柯克彼(Kirkby)等于 1972 年合著的《山坡水文学》一书则进一步推动了对产流机制的研究,使得人们对自然界复杂的产流现象有了更深入的认识。流域汇流理论的发展在 1921 年 Ross 提出了面积—时间曲线方法,在谢尔曼(Sherman)于 1932 年为解决由净雨过程线推求流域出口断面流量过程线的问题提出单位线推求流域汇流的方法之后取得重大进展。随后左贺(Zoch)于 1934 年提出了线性水库和瞬时单位线的概念,1938 年施奈德(W. M. Snyder)提出了综合单位线的概念。克拉克(Clark)于 1945 年将等流时线与线性水库两种概念相结合建立了瞬时单位线方法,纳西(Nash)于 1975 年提出了具有 Gamma 函数分布形式的瞬时单位线,杜格(Dooge)于 1960 年将系统概念明确引入流域汇流之后相继提出一般性流域汇流单位线、时变水文系统概念和各种流域非线性汇流理论和计算方法[18]。

这些产汇流理论和计算方法的发展直接推动了系统理论模型和概念性水文模型的发展。到了 20 世纪 80 年代,水文学者试图用数学物理方法更精确地描述产汇流机制。例如,Wood 等于 1990 年提出基本单元产流面积的概念,认为流域产流的相异性存在一种最小的"门槛"尺度,在此尺度内相关变量的空间变异特征必须进行数学物理上的详细处理。这一时期,汇流理论也有了较大进展,开始从理论上解释水文过程与下垫面因子的因果关系。例如,Rodriguze-Iturbe 等于 1979 年依据流域河网定理和"粒子理论"提出地貌瞬时单位线;Ranaldo 于 1991 年首创的流域汇流理论充分纳入"扩散理论",认为流域汇流是地貌扩散和水动力学扩散共同作用的结果。这些物理概念清晰的基础理论进一步推动了分布式流域水文模型，特别是物理模型的发展。随着计算机技术、水情自动测报系统、现代控制理论等为代表的新技术、新方法在水文预报中的应用的增加，不同程度地提高了预报精度，延长了预见期。水文预报技术在理论与实践方面都获得了突飞猛进的发展，为防洪减灾、兴利调度提供了科学的依据[19]。

1.3.2 水文模型的研究进展

流域水文模型是指流域上发生的全水文过程进行模拟计算所建成的数学模型，在进行水文规律研究和解决生产实际问题中起着重要作用。它将流域总体看成是一个系统，输入为降雨等，输出为出流流量等。流域内的水文过程则是系统的状态，是根据水文概念推理计算出来的。所谓模拟，就是对水文现象作出合理的概括，建立模型，进行计算处理。

目前，国内外已开发研制了很多结构各异的水文模型。按照模型的构建基础可将流域水文模型分为物理模型、概念性模型和黑箱子模型三类；按照对流域水文过程描述的离散程度的不同，可分为集总式模型、分布式模型和半分布式模型三类；按照数学处理方法分类则可分为确定性模型和随机模型；按照模型结构可分为线性模型和非线性模型；按模型参数分类，可分为时不变模型和时变模型。

流域水文模型的研究发展过程，按研究方法和发展过程划分，大致可分为经验相关和模型研究两个时期。经验相关时期，主要是指 19 世纪后期至 20 世纪 50 年代之前的这段时期。这一时期内人们对水文现象的描述大多采用一些经验相关方法,如相应水位(或流量)法、降雨径流相关图法、单位线法等。经验相关法是针对某单一水文事件,如次降雨量、次地面径流量、洪峰流量等进行的。方法是根据水文现象的原因与结果,自变量与因变量的实际观测值,采用相关统计的方法,求出它们之间的定量关系。长久以来,人们都是根据对长期观测资料的分析来认识水文规律的。经验相关法虽然直观简单,但这类研究途径存在四点不足之处:一是没有严密的物理概念和数学基础,科学性不强,对降雨径流形成的物理机理认识难以深入;二是难以考虑从输入到输出过程中流域系统的多因素复杂作用;三是难以详细考虑降雨的时空变化和流域形态对降雨径流形成过程的影响;四是实际应用中很难解决研究流域内资料范围以外的外延和缺乏水文资料地区的外延问题。在模型研究时期,主要是在 20 世纪 50 年代中期,随着计算机、计算技术和系统理论应用的迅速发展,人们开始将水文循环的整体过程作为一个完整的系统来研究,并在 50 年代后期提出了流域水文模型的概念,美国的流域水文模型研究起步较早,最早最有名的流域水文模型是斯坦福模型(SWM)[20]和流量综合与水库调节模型(SSARR)等概念性模型,这些模型从定量上分析了流域出口断面流量过程形成的全部过程。在 20 世纪 70 年代到 80 年代中期,由于国际水文十年和国际水文计划的相继实施,流域水文模型的研究取得了重大突破,世界各国相继研制出大量的多参数、复杂的概念性集总式模型,一些比较著名的模型,如前期影响雨量指标(API)模型[21]、综合性线性系统(SCLS)模型,日本国立防灾中心的菅原正巳(Sugawara)博士在 1961 年提出日本的水箱(Tank)模型[22],美国国家气象局(NWS)Burnash 等人于 1973 年在

SWM 的基础上研制的 Sacramento 模型[23]，1979 年 Beven
和 Kirby 提出的半分布式流域水文模型 TOPMODEL[24]，
这些概念性水文模型在进行水文规律研究和解决生产实
际问题中发挥了很重要的作用，推动了水文模拟技术和水
文学科的发展。20 世纪 70 年代以来国内外水文学家们提
出了众多的分布式水文模型，最典型的是由英国、丹麦和
法国水文学家共同研制的 SHE 模型[25]。随着现代科学技
术的快速发展，计算机性能的提高，地理信息系统与遥感
系统等技术获得较快发展，相关学科的融合和渗透，能够
考虑流域特征空间变异性的分布式流域水文模型得到明
显的发展和进步。在当今数字化时代，分布式水文模型的
研究又以与 DEM(Digital Elevation Model)进行结合为基
本特色。

　　我国流域水文模型的研制始于 20 世纪 70 年代，新安
江模型是最具代表性的水文模型之一。当前在水文预报
作业中，我国所采用的模型主要有新安江模型[2]、双超产
流模型、河北雨洪模型、姜湾径流模型、双衰减曲线模型
等。其中新安江流域水文模型由河海大学赵人俊教授领
导的研究组于 1973 年在编制新安江洪水预报方案时，汇
集了当时在产汇流理论方面的研究成果，并结合大流域洪
水预报的特点，设计了我国第一个完整的流域水文模
型——新安江模型。

1.3.3　不确定性研究进展

　　国内外关于不确定性问题的研究方法包括贝叶斯统
计、一阶近似、信息熵、模糊集、灰色系统等[26]，但用于实时
洪水概率预报的方法大体上可分为两类：一是不确定性要
素的耦合途径；二是贝叶斯预报系统（Bayesian Forecas-

ting System，BFS)途径。

不确定性要素耦合途径的实质是分析预报过程中各环节的主要不确定性因子,估计其概率分布,再将这些不确定性耦合到洪水预报模型中,从而实现概率预报。Beven 和 Binley 于 1992 年通过对"异参同效(Equifinality)"现象的研究,提出了 GLUE[27]方法,通过采用基于参数空间随机抽样的方法,评价参数的不确定性对预报结果的影响,同时也可以实现概率预报功能。Kuczera 和 Parent (1998)采用 MCMC 抽样技术[28]从后验分布中抽取参数样本集,并得到模型的"集合"预测,进而通过置信限分析评价模型参数的不确定性对预报结果的影响。Kavetski 和 Kuczera 等于 2006 年提出了贝叶斯总误差分析方法[29],这里的总误差概念是指来自输入(降雨、蒸发)、模型(以模型参数为主)和流域反应(流量、水位观测)等要素的不确定性,通过 MCMC 抽样技术与预报模型的结合,即可实现洪水的概率预报。

贝叶斯方法源于 Bayes 在 1763 年的一篇论文,到 20 世纪 50 年代后逐渐形成独立的理论体系和方法论,70 年代引入水文学领域。贝叶斯方法主张利用所有能够获得的资料与信息,包括样本和先于样本的信息,以做出良好的判断和决策。Vicens 最早将贝叶斯方法用于洪水风险分析,用无信息先验分布或共轭先验分布来描述参数的先验值,但这些分布很难找到充分的估计量,难以推广。Duckstein 提出了一个考虑气候变化影响下河川径流洪峰预测的贝叶斯模型,利用各种先验信息进行水文要素分布参数的置信区间预测,该方法的不足在于不能发布定量预报。

而 Krzysztofowicz[30-35]于 1999 年提出的贝叶斯预报

系统(BFS)是一套基于 Bayes 理论框架的洪水概率预报方法。BFS 将洪水预报的总不确定性分为两大部分,即预见期内流域平均降雨定量预报的不确定性,以及除此以外的所有水文不确定性。BFS 在算法上包含三个组成部分,分别处理降雨预报的不确定性(PUP)、水文的不确定性(HUP),以及将所有不确定性进行集成的处理器(INT),最终通过后验密度函数提供洪水概率预报。

在我国,对水文预报不确定性及概率预报的研究也逐渐得到重视,形成了一些有价值的成果。熊立华和郭生练[36]于 2004 年、梁忠民和李彬权等[15]于 2009 年采用 GLUE 和 MCMC 方法分析了模型主要参数对预报结果不确定性的影响,推求洪水预报值的抽样分布,提供预置信区间估计。王善序[37]于 1990 年系统地介绍并评述了 BFS 体系的特点,认为可以有效地用于洪水的概率预报。钱名开、徐时进等[38]于 2004 年将 BFS 系统中的 HUP 应用于淮河流域息县站的实时洪水预报。结果表明,采用流量预报后验分布的均值作为预报结果,其精度总体上高于现行预报方法结果。

综上所述,在实际防洪调度决策工作中,不仅希望及时得到未来洪水的预报值,也希望对该预报值的不确定性客观评价,进而对防洪方案的可能风险有所了解,所以实时洪水的概率预报问题得到重视,目前的一些主要方法,需要采用抽样技术求解以复杂积分形式表达的概率分布,所以,计算量较大;而且主要因子概率分布的确定,经验性较强,这些都限制了在实际中的应用。因此,进一步研究适用于实时洪水的概率预报方法,具有重要的理论意义及实用价值。

1.4 研究内容及技术路线

1.4.1 研究内容

1）新安江模型洪水预报

该部分将以新安江产汇流模型进行研究区域的洪水预报,其中降雨即用研究区域内雨量站资料,通过多场洪水预报结果与实测流量的拟合,率定出一套适宜的新安江参数,并以此套确定性参数进行多场洪水的验证,得到验证洪水场次的确定性水文预报结果。

2）降水不确定性定量分析

该部分基于抽站法理论中的经验公式,得到雨量站给出的降雨量(在本书中统称为降雨预报值)与降雨真值之间的误差分布,从而进一步得出降雨真值的概率分布;在此基础上对采用随机抽样的方法从每个时段的降雨真值概率分布中抽值,从而将降雨不确定性与新安江模型耦合得到洪水概率预报。

3）模型参数不确定性定量分析

该部分将基于贝叶斯理论探讨新安江模型参数不确定性问题,并通过采用马尔科夫链蒙特卡洛（MCMC）算法得到参数后验分布的抽样,结合新安江模型进而得到出口断面流量的概率预报结果。

4）不确定性耦合定量分析

该部分将基于对降水不确定性和模型参数不确定性

的定量研究,通过对降水真值概率分布和模型参数后验分布中随机抽样,结合新安江模型计算得到出口断面的洪水概率预报结果。

5) 对比分析预报结果

将单独考虑降水不确定性、单独考虑模型参数不确定性和综合考虑这两项不确定性的概率预报结果进行对比分析;着重分析洪峰位置处的均值预报大小以及在相同置信区间下置信预报结果范围的大小,从而对降水不确定性和模型参数不确定性对洪水预报结果影响的大小有初步的定量认识。

1.4.2　研究区域概况

本书将以淮河史灌河流域[39]内的黄泥庄集水区作为模型应用流域。史灌河流域位于北纬31°12′~32°18′,东经115°17′~115°55′,是淮河一级支流,发源于安徽省金寨县,地跨安徽金寨、河南商城和固始三县。入淮河口以上全长211 km,集水面积为6 889 km²,呈南北向,在淮河三河尖水位站处汇入淮河。史灌河上游分史河和灌河两个分支,以史河为主干。史灌河流域具有独特的地形、地貌和植被特性,流域地势自南向北降低,地形复杂,既有高山峻岭,又有广阔的平原,还有低山丘陵,山区水流湍急,平原河网发育;主峰金刚太海拔1 576 m。流域上游为深山区,下垫面覆盖良好;下游为丘陵平原区,地势低洼,洪涝灾害频繁。南部水库上游区坡陡山高,森林覆盖率高达65%,北部丘陵平原区大多为耕地,森林面积则很少。史灌河流域地处我国南北气候过渡带,气候适宜,年平均气温为 11～16 ℃;流域多年平均年降水量为 1 077 mm,时空分布不均,降雨主要集中在 6～9 月,并多以暴雨形式出现,暴雨历时短、强度大、暴雨中心笼罩范围小,暴雨时山洪骤发,而干旱时期河道则常常断流。降雨量年际变化大,最大年雨量是最小年雨量的 3～4 倍;且降水量的年内分配也极不均匀,汛期(6～9 月)降水量占年降水量的 50%～80%。史河是淮河流域来自大别山区的一大支流,对淮河干流洪峰的形成有重要的影响。1969 年 7 月 10 日,大别山区发生特大暴雨,15 日蒋家集出现洪峰,达 4 550 m³/s,与 16 日王家坝的 4 560 m³/s 的洪峰遭遇。由于史河来水的顶托,使王家坝水位超过 28.66 m,迫使蒙洼开闸蓄洪,各行洪区也相继破堤。由于大别山区是暴雨中心之一,因此史河的洪水预报是整个淮河防汛减灾工作的重要组成部分。

黄泥庄站于 1951 年开始建站,位于东经115°37′、北纬31°28′,由其控制的集水区域集水面积为 805 km²,位于史河的上游,区域植被覆盖较好,有丰富的地下水和壤中流;黄泥庄集水区属于高山和丘陵区,平均海拔 479 m。黄泥庄集水区域的数字化地图如图 1.1 所示。

黄泥庄

图 1.1　黄泥庄流域数字化地图

1.4.3　技术路线

本书通过考虑降雨输入不确定性和模型参数不确定性,结合新安江产汇流模型,确定适用的概率洪水预报模型方法。研究的技术路线包括基本数据的分析、方法体系的建立和应用验证研究,具体如图 1.2 所示。

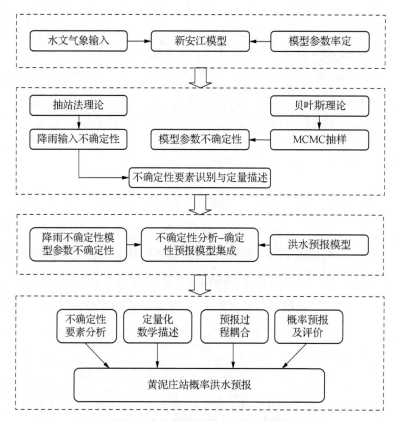

图 1.2　黄泥庄站概率洪水预报技术路线

2 洪水概率预报理论与方法

2.1 现行洪水概率预报方法构架

现行的洪水概率预报方法,不管是不确定性要素耦合还是贝叶斯预报系统(BFS),其基本思想均是将水文模型与预报过程不确定性分析进行耦合,如图 2.1 所示。前者一般采用确定性水文模型,而后者则根据需要可与任何水文模型进行耦合。

图 2.1 现行洪水概率预报方法构架图

绪论中已介绍了水文预报过程中的不确定性来源及分类,即包括水文现象的不确定性、水文模型的不确定性及输入的不确定性。其中,水文现象的不确定性是水文过程的自然属性,现今主要通过采用统计方法对生成的长系列水文过程进行水文现象规律的统计;水文模型的不确定性主要包括水文模型结构的不确定性及模型参数的不确定性。水文模型结构的不确定性主要考虑各个水文模型构建理论方法上的不同,通常采用多个水文模型的预报结果进行后续分析计算;模型参数的不确定性主要体现了单一水文模型中由于异参同效现象的存在,模型内部的最优参数组合的不确定性;输入的不确定性主要包括预报时刻前已知的降雨等水文资料的不确定性及预见期内降雨的不确定性。由于现今短期降水预报的精度不高,因此难以对预见期内降雨的不确定性做出较为准确的定量研究。

综合考虑以上各种不确定性来源,本书将基于单一确定性水文模型对水文模型不确定性中的模型参数不确定性、降雨输入(预报时刻前已知的降雨资料)不确定性进行定量研究,并在此基础上将这两种不确定性进行全要素耦合得到综合洪水概率预报。下面简单介绍现阶段已有的输入不确定性、模型结构不确定性及模型参数不确定性的定量分析方法。

2.2　输入不确定性定量分析方法

由于降雨输入的不确定性引起水文模型输出的不确定性是必然的。近年来已有不少专家学者在降雨输入不确定性方面做出了重要的研究。

1) 降雨不确定性处理器(PUP)

Kelly 和 Krzysztofowicz 于 2000 年提出了降水预报不确定性处理器[40-41](PUP)。它通过将未来一日降水量进行不同的时段分配模式,一般以每 6 h 为一个时段,一天即有 4 个时段,如当降雨发生在第 2 和第 3 时段,则降雨分配模式即为 $T=23$。依此类推,即有 15 种降雨分配模式。对每一种分配模式的降水均得到相应的条件分布函数,并按照各降水时段内的降水量关系(大、小、相等)进行再次组合,从而进一步得到 61 种不同的降水时段分配系数。如表 2.1 所示。

表 2.1　PUP 降雨时段分配模式与分配系数

降水时段	时段分配模式	时段分配系数
1	4	
2	6	$(m,m),(h,l),(l,h)$
3	4	$(m,m,m),(h,l,l),(l,h,l),(l,h,h),(h,h,l),(h,l,h),(l,h,h)$
4	1	$(m,m,m,m),(h,l,l,l),(l,h,l,l),(l,l,h,l),(l,l,l,h),(h,h,l,l),$ $(l,h,h,l),(l,l,h,h),(h,l,h,l),(h,l,l,h),(l,h,l,h)$

注:其中 m 表示平均分配系数;h 表示高分配系数;l 表示低分配系数。三者的取值视具体情况而定。

PUP 的计算步骤如下:

(1) 计算未来可能发生降雨的概率 $\nu = P(w>0)$,累

积降水量 W 的条件分布函数 $H_1(W < w/w > 0)$；PUP 并没有考虑流域的前期降水条件。

(2) 给定一组概率值 $\{P(j):j=1,\cdots,m\}$，并且 $0 \leqslant P(1) < P(2) < \cdots < P(m) \leqslant 1$，通过步骤(1)中的累积降水量的条件分布函数 H_1 求得在不同降水概率条件下的降水量序列 $\{W_P:P=P(1),P(2),\cdots,P(m)\}$。

(3) 由于降雨时段分配系数特别复杂，故用其数学期望 $Z_i=E(Z_i/W > 0)$ 代替其估计值，用 W 乘以 Z_i 即可获得一组降水过程。

(4) 将模拟的降水过程代入到水文模型中进行计算得到模拟流量 q_k，拟合其经验点据，得到第 k 时刻 q_k 的条件分布 $\Pi_k(q_k)$，由于此条件分布不能简单地描绘成一条平滑的曲线，故选用分段威布尔函数进行描述。

$$
\begin{aligned}
\Pi_{k1}(q_k) &= Wb(q_k;\alpha_{k1},\beta_{k1},\gamma_{k1}), &\zeta_k < q_k \\
\Pi_{k1}(q_k) &= Wb(q_k;\alpha_{k2},\beta_{k2},\gamma_{k2}), &\gamma_{k2} < q_k < \zeta_k \\
\Pi_{k1}(q_k) &= 0, &q_k \leqslant \gamma_{k2}
\end{aligned}
\tag{2.1}
$$

式中：ζ_k 为 Π_{k1} 的断点。

2) 贝叶斯总误差分析方法(BATEA)[42]

这里的总误差概念是指来自输入(主要是降雨)、模型(以模型参数代表)和流域反应(即流量观测)的不确定性。它直接将各种不确定性要素作为随机变量，构成系统参数集，通过贝叶斯理论推求参数集的后验分布，再通过对参数集后验分布的抽样，同时获得各参数的后验分布及模型"集束"预报集[14]。

其中 BATEA 对于输入不确定性的处理办法如下：

设实测降雨量 $\tilde{X}_t$ 与未知的降雨真值 X_t 之间满足以下关系式：

$$\widetilde{X}_t = {}_\phi X_t \tag{2.2}$$

式中：ϕ 是满足某一分布的随机乘子，可假设其服从均值为 1，方差为 σ 的正态分布。通过历史降雨资料率定得到 σ 的取值，从而可利用降雨观测值来推算降雨真值分布。

Ajami 等人于 2007 年提出的 BUNE[43] 概率预报方法中，对于降雨输入的不确定性也采用了类似的方法，区别仅是将 ϕ 这一乘子定义为降雨真值与降雨观测值之间的折算系数。

3）层次贝叶斯模型[44]

设 φ_t 为降雨观测的相对误差，即 $X_{t,j}^{\text{inp}} = X_{t,j}/(1+\varphi_{t,j})$，其中 j 是雨量站的索引，$X_{t,j}^{\text{inp}}$ 为降雨真值，$X_{t,j}$ 为降雨观测值。虽然输入误差对每个时段都可能是不同的，但通常认为其在同一场次内的差别不甚重要。因此可以认为降雨误差对于不同场次的降雨是独立的，而在每场降雨内的各时段是相同的。用公式表述为：$\varphi_{t,j} = \varphi_{k,j}, t \in T_k$，其中 k 是降雨场次（也即洪水场次）的索引，T_k 是第 k 场降雨对应的时间段。

一般来说，同一站点不同场次降雨的降雨误差，其概率分布必然有某种相似特征；进而，同一流域内不同站点的降雨误差，由于在仪器配备、设置原则等方面具有相似性，也具有相似的统计特征。针对这种情况贝叶斯统计中常常引入层次贝叶斯模型对其进行描述。输入误差的描述分为两个层次：在底层，输入误差 $\varphi_{k,j}$ 各不相同；在上层，各输入误差 $\varphi_{k,j}$ 具有相同的分布特征。

按照层次贝叶斯模型的方法，假定 $\varphi_{k,j}$ 的上层分布是 $(-1,+\infty)$ 区间内的截尾正态分布，其均值为 μ_φ，逆方差为 τ_φ，即

$$\varphi_{k,j} \sim N_T(\mu_\varphi, \tau_\varphi / x \in (-1, +\infty)) \tag{2.3}$$

根据截尾正态分布的定义，$\varphi_{k,j}$ 的概率密度函数为：

$$f(\varphi_{k,j} / \mu_\varphi, \tau_\varphi) = \tau_\varphi^{\frac{1}{2}} \cdot \varphi(\tau_\varphi^{\frac{1}{2}}(\varphi_{k,j} - \mu_\varphi)) \cdot (1 - \varphi(\tau_\varphi^{\frac{1}{2}}(-1 - \mu_\varphi)))^{-1} \tag{2.4}$$

由此，输入不确定性即可以由降雨输入的相对误差进行表征。

总体来说，在概率洪水预报领域中，对于降水不确定性这方面的研究成果依旧比较少，可用于实际概率洪水预报的模型还有待进一步研究。在本书第三章中将具体阐述如何应用抽站法理论进行降水不确定性的定量分析。

2.3　模型结构不确定性定量分析方法

模型结构不确定性一般表现在两方面：一是同一模型的不同子结构组成对预报结果产生的不确定性，例如二水源新安江模型与三水源新安江模型的差别带来的不确定性；二是采用不同模型给预报结果带来的不确定性[45]。

现今针对模型结构的不确定性，一般采用多模型预报综合的方法进行定量分析。常用的方法有简单平均法（SAM）、加权平均法（WAM）和贝叶斯模型平均法（BMA）等。

1）简单平均法

假定有 N 个模型进行水文预报，在 i 时刻的各预报结果为 $Q_{j,i}(j=1,2,\cdots,N)$，则根据简单平均法，i 时刻综合预报结果 $\hat{Q}_i$ 为：

$$\hat{Q}_i = \frac{1}{N}\sum_{j=1}^{N}Q_{j,i} \tag{2.5}$$

从上式可以看出，SAM 法同等看待各预报模型，赋予其相同权重。然而在某些情况下，各个模型的模拟好坏并不一样，此时 SAM 法则不能得到令人满意的结果。

2）加权平均法

Granger 和 Ramanathan 于 1984 年提出了加权平均法，其计算公式为：

$$\hat{Q}_i = \sum_{j=1}^{N}a_jQ_{j,i} + e_i \tag{2.6}$$

式中：e_i——加权平均法的计算误差；

a_j——第 j 个模型的权重，则各模型的权重之和为 1，其他符号的意义与式(2.5)相同。

很明显,模型权重越大,该模型拟合效果越好。

3) 贝叶斯模型平均法[46]

BMA 方法以实测序列条件下某一水文模型为最优模型的概率为权重,对各模型预报变量的条件概率密度函数进行加权,得到预报变量的后验密度函数,从而可以实现不同水文模型预报的合成及概率预报[47]。其主要计算步骤如下:

(1) 亚高斯转化。首先通过亚高斯模型对实测序列和预报系列进行正态分位数转化。令 Q 表示标准正态分布函数,则实测序列 y_t、模型 M_i 预报的序列 f_{it} 转换后的正态分位数分别为:

$$y'_t = Q^{-1}(\Gamma(y_t)), \quad t=1,2,\cdots,T$$
$$f'_{it} = Q^{-1}(\varphi(f_{it})), \quad t=1,2,\cdots,T \qquad (2.7)$$

式中:T——时间序列长度;

y'_t、f'_{it}——分别为 y_t、f_{it} 的边际分布函数。

一般采用三参数威布尔分布作为边际分布。

(2) 高斯混合模型。假设转换后的序列满足线性关系如下:

$$y'_t = a_i f'_{it} + b_i + \Theta_i, \quad i=1,2,\cdots,k; \; t=1,2,\cdots,T \qquad (2.8)$$

式中:a_i、b_i——参数;

Θ_i——不依赖于 f'_{it} 的残差系列,且假设服从正态分布 $\Theta_i \sim N(0,\sigma_i^2)$。

则 y'_t 为已知 f'_{it} 条件下的正态分布:

$$y'_t | M_i, D'_{\text{obs}} \sim N(a_i f'_{it} + b_i, \sigma_i^2) \qquad (2.9)$$

式中:D'_{obs}——正态转换后的实测数据集。

因此,在转换空间内,给定样本 D'_{obs} 的条件下,预报变量 y' 的概率密度函数为:

$$p(y'/D'_{obs}) = \sum_{i=1}^{k} p(M_i/D'_{obs}) p(y'/M_i, D'_{obs})$$

$$= \sum_{i=1}^{k} \omega_i B_i(y')$$

(2.10)

式中:$B_i(y')$——期望值为 $a_i f'_i + b_i$,方差为 σ_i^2 的高斯分布(正态分布),$i=1,2,\cdots,k$。

(3) EM 算法。对于给定 T 个观测值 D'_{obs} 的高斯混合模型,其对数似然函数为:

$$\ln(L(\theta|D'_{obs})) = \ln[p(D'_{obs}/\theta)] = \sum_{t=1}^{T} (\sum_{i=1}^{k} \omega_i B_i(y'_t))$$

(2.11)

采用期望最大化(EM)算法,估计使上式达到最大的参数 θ。EM 是一种求解极大似然估计的迭代算法,具体请参见文献[45]。

本书由于只选用单一确定性水文模型的预报结果作为概率预报的基础,因此不考虑模型结构的不确定性。

2.4　模型参数不确定性定量分析方法

近年来,在水文模型参数不确定性方面已有很多研究,并取得了很大的成果。其中主要包括 Beven 等人提出的 GLUE(Generalized Likelihood Uncertainty Estimation)、Thiemann 等人提出的 BaRE(Bayesian Recursive Estimation)方法以及本书将采用的 MCMC(Markov Chain Monte Carlo)方法。

1) GLUE[27]

GLUE 方法着眼于多个模型参数形成的组合,在预先设置的参数分布空间内,依照先验分布抽取相应的参数并组成参数组,代入模型中进行计算。其主要步骤如下:

(1) 似然函数的定义。似然函数值用于判别模拟结果与实测结果的吻合程度。从理论上讲,当模拟结果与所研究的系统不相似时,似然值应为零;而当模拟结果相似性增加时,似然函数值应该单调上升。最常用的似然判据为 Nash-Sutcliffe 确定性系数:

$$L(y/\theta) = 1 - \frac{\sigma_e^2}{\sigma_0^2}, \quad \sigma_e^2 < \sigma_0^2 \qquad (2.12)$$

式中:$L(y/\theta)$——由已知观测序列 y 算出的参数组 θ 的似然值;

σ_e^2——模拟序列的误差方差;

σ_0^2——实测序列的误差方差。

(2) 确定参数的初值范围和先验分布函数。通常情况下,不容易确定参数的先验分布形式,而往往用均匀分布代替。参数的采样方式可以是均匀采样或对数采样等方式。

（3）加权参数组的似然函数值，并根据权重系数确定参数在其空间分布的概率密度，权重系数大的参数组贡献应该更大些。然后依据似然值的大小排序，估算出一定置信水平的模型预报不确定性的时间序列。

（4）当有新的数据时，利用贝叶斯函数，以递推方式更新模型参数后验似然值。

2）BaRE[28]

BaRE 方法即为贝叶斯递归估计方法，是由 Thiemann 于 2001 年提出的。其可在实际洪水预报过程中同时对水文预报不确定性和水文模型参数不确定性进行计算，并以概率形式给出预报结果。BaRE 方法只需提供模型参数的初值，便可进行递推预报，并且随着实测资料的增多，由模型参数不确定性引起的模型输出不确定性范围将逐渐缩小。其主要计算步骤如下：

（1）使用一个可逆转换函数 $z=g(y)$ 对预测变量（包括实测值和模型输出值）进行转换。转换空间里模型预测的误差可以表示为：$v=g(y)-g(\hat{y})$。

（2）假定各时段 v 相互独立，且服从 $E(\sigma,\beta)$ 分布：

$$p(v/\sigma,\beta)=\omega(\beta)\sigma^{-1}\exp[-c(\beta)\,|\,v/\sigma\,|^{\,2/(1+\beta)}] \qquad (2.13)$$

式中：

$$c(\beta)=\left\{\frac{\Gamma[3(1+\beta)/2]}{\Gamma[(1+\beta)/2]}\right\}^{1/(1+\beta)}$$

$$\omega(\beta)=\frac{\{\Gamma[3(1+\beta)/2]\}^{1/2}}{(1+\beta)\{\Gamma[(1+\beta)/2]\}^{3/2}}$$

β 为形状参数，且 $\beta\in(-1,1]$，$\beta=0$ 表示正态分布；$\beta=1$ 表示双指数分布；$\beta\rightarrow-1$ 表示均匀分布。表示对于某

一特定问题,β值固定,模型误差的标准差σ未知。

由式(2.13)表示的误差模型可知:

$$p(z/\xi,\theta,\sigma,\beta)=\left[\frac{\omega(\beta)}{\sigma}\right]^T\exp\left(-c(\beta)\sum_{t=1}^{T}\left|\frac{\upsilon_t(\theta)}{\sigma}\right|^{2/(1+\beta)}\right) \qquad (2.14)$$

文献[48]给出了参数后验分布的递推公式:

$$p(\theta/\xi,z_{T+1},z,\beta)\propto N_T(\theta)p(\theta/\xi,z,\beta)$$

$$N_T(\theta)=\frac{1}{\hat{\sigma}_T(\theta)}\exp\left[-c(\beta)\left|\frac{\upsilon_T(\theta)}{\hat{\sigma}_T(\theta)}\right|^{2/(1+\beta)}\right] \qquad (2.15)$$

式中:$\hat{\sigma}_T(\theta)$的递推公式为:

$$\hat{\sigma}_T(\theta)^{2/(1+\beta)}=\frac{T-1}{T}\hat{\sigma}_{T-1}(\theta)^{2/(1+\beta)}+\frac{1}{T}\frac{2c(\beta)}{1+\beta}|\upsilon_T(\theta)|^{2/(1+\beta)} \qquad (2.16)$$

3) MCMC[29]

MCMC方法,即马尔科夫链蒙特卡洛抽样,它为建立实际的统计模型提供了一种有效工具,并能将复杂的高维问题转化为一系列简单的低维问题,因此非常适用于复杂统计模型中的贝叶斯计算。目前在贝叶斯分析中应用比较广泛的MCMC方法主要有MetroPolis算法、MetroPolis-Hastings算法和Gibbs采样方法。在这些方法的基础之上,后人又开展了进一步的改进推广研究,Haario等人于2001年提出了自适应的MCMC方法,其主要特点是将参数的推荐分布定义为参数空间内的多维正态分布,在抽样过程中自适应地调整协方差矩阵,从而大大地提高算法收敛速度。Marshall等人于2004年将四种MCMC方法用于澳大利亚巴斯流域的降雨-径流模型参数优选,从方法的简易性、搜索效果、可操作性等方面对四种方法进行对比研究,结果表明其中自适应Metropolis算法的性能最优。在本书第四章中将具体阐述如何采用MCMC抽样进行模型参数不确定性的定量分析。

2.5　确定性水文预报模型介绍

对于上述降雨输入的不确定性及模型参数的不确定性,必须借助某一水文模型给出的确定性预报结果对其作出定量分析。绪论中已介绍相关水文模型,其中概念性模型的特点是模型结构较物理模型简单,具有一定的物理成因机制,易于推广应用,当假设条件与实际情况相近,概化合理时,预测效果好。现在国内外比较典型且应用较为广泛的有新安江模型(中国)、萨克拉门托模型(美国)、TANK 模型(日本)、陕北模型(中国)、混合产流模型(中国)和 CLS 模型(意大利)。

2.5.1　新安江模型

1) 新安江模型原理

新安江模型是河海大学赵人俊教授[55]设计出的国内第一个完成的流域水文模型。最初是根据霍尔顿的产流概念研制的二水源新安江模型,认为当包气带土壤含水量达到田间持水量后,稳定下渗量称为地下径流量 RG,其余称为地面径流 RS。二水源的水源划分结构是用稳定下渗率 f_c 进行水源划分的。20 世纪 80 年代中期,借鉴山坡水文学的概念和国内外产汇流理论的研究成果,又提出了三水源新安江模型。三水源新安江模型蒸散发计算采用三层模型;产流计算采用蓄满产流模型;用自由水蓄水库结构将总径流划分为地表径流、壤中流和地下径流三种;流域汇流计算采用线性水库;河道汇流采用马斯京根分段连续演算或滞后演算法[56]。

为了考虑降水和流域下垫面分布不均匀的影响,新安江模型的结构设计为分散性的,分为蒸散发计算、产流计算、分水源计算和汇流计算四个层次结构,每块单元流域的计算流程如图 2.2 所示。

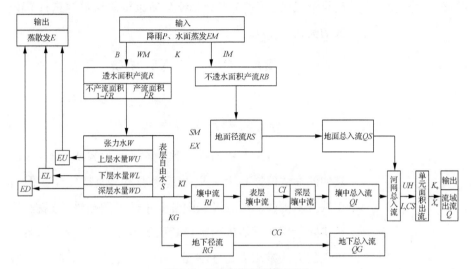

图 2.2　新安江模型计算流程图

其模型计算具体步骤请详见参考文献[55]。

新安江模型的输入为实测降雨过程 P 和蒸发皿蒸发 EM,输出为流域出口断面流量 Q 和流域实际蒸散发过程 $E(t)$,三水源新安江模型共有 17 个参数,包括 7 个产流参数:上层张力水容量 WUM,下层张力水容量 WLM,深层张力水容量 WDM,张力水蓄水容量曲线方次 B,不透水面积比例 FR,蒸发能力折算系数 K,深层蒸散发系数 C;10 个汇流参数:表土自由水蓄水容量 SM,表土自由水蓄水容量曲线方次 EX,自由水蓄水水库对地下水的出流系数 KG,自由水蓄水水库对壤中流的出流系数 KI,壤中流的消退系数 CI,地下水库的消退系数 CG,河网蓄水量的消退系数 CS,马斯京根法的单元河段的两个参数 KE、XE,

以及滞时 L。L 为每个单元流域的滞时,取决于河流的长度和范围,是一个经验数值,可以在率定之前首先确定数值。其余的 16 个参数需要进行率定。

应用马斯京根法进行河道演进时,参数 KE、XE 必须满足下式的条件,否则会导致马斯京根法河道演进计算公式的失效。

$$2KE \cdot XE \leqslant \Delta t \leqslant 2KE - 2KE \cdot XE \qquad (2.17)$$

式中:Δt——计算步长。本书中统一计算步长为 1 h。

2) 新安江模型参数率定

新安江模型参数的物理意义大多是比较明确的,因而它们的参数值原则上可根据其物理意义直接定量。但由于缺乏降雨径流形成过程中各要素的实测与试验过程,故在实际应用中只能依据出口断面的实测流量过程,用系统识别的方法推求。由于参数多,信息量少,就会产生参数的相关性、不稳定性和不唯一性问题。

在率定新安江模型参数时,一般可根据参数的敏感性区分为敏感参数和不敏感参数。所谓参数的敏感性是指将待考察的参数增加或减少一个适当的数量,再进行模型模拟计算,观察它对模拟结果和目标函数变化的影响程度,同时也可称为参数的灵敏度,参数改变后模拟结果比较参数改变前的模拟结果改变越大,则说明参数越敏感。根据新安江模型划分的四个层次,每个层次的参数特征有明显差异。蒸散发模块中由于主要取决于流域气象因素,除流域蒸散发折算系数相对敏感外,其余参数均较稳定;产流计算层次的参数也较为稳定;分水源参数决定计算产流量在各水源的分配,与降雨过程和流域下垫面条件紧密相关,参数较为敏感和重要,参数之间的关系也相对比较复杂；汇流计算参数极为敏感，直接影响流域面上各水源产流的演进过程以及出口断面预报流量过程。

新安江模型的参数率定一般可分为"日模型"和"次洪模型"两大部分。通过日模型的调试可以确定第一、第二层次的参数，第三层次的部分参数如 KG、KI、EX，以及第四层次部分汇流参数如 CG 等。其余参数可以通过次洪模型进行调试。在参数率定时可以结合经验关系进行率定，比如 KG 和 KI 一般有如下关系：$KG+KI=0.7$；EX 的取值在 $1\sim2$ 之间；参数 B、C、IM 等属于不敏感参数，不需要优化，优选的参数包括 KG/KI、CG、CI、CS、K、SM 等。以上是根据经验及流域水文物理过程的特性进行参数的人机交换率定的模式，在实际工作中，模型参数的自动率定也得到了比较广泛的关注，比较常用的有罗森布朗(Rosenbrock)方法、改进的单纯形(Simplex)方法和基因(Genetic)方法。

2.5.2 TOPMODEL

TOPMODEL 是 Topgraphy Based Hydrological Model 的简称，即基于地形的半分布式流域水文模型，是由 Beven 和 Kirkby 在 1979 年提出的。TOPMODEL 的主要特征是利用地形指数来反映流域水文现象，即以地形指数的空间变化来模拟径流产生的变动产流面积，尤其是模拟地表或地下饱和水源面积的变动。它的主要特点就是考虑了流域地形、地貌、土壤等因素对径流形成的影响，并将集总式水文模型计算和参数方面的优点与分布式水文模型物理基础好的优点结合在一起。该模型结构简单，参数少，物理概念明确，因此问世以来，得到广泛的应用，并在应用中得到了不断的改进和完善，如 TOPKAPI 以及 TOPNET。

1) 原理

流域变动产流理论(Variable Source Areal Concept, VSAC)是构成 TOPMODEL 产流机制的理论基础,是将动态非均匀的、复杂的水文物理现象概化为简单直观的水文过程的理论依据。图 2.3 是 TOPMODEL 物理概念的示意图。在该理论中,任何一点的包气带被划分为三个不同的含水区:① 植被根系区,用 S_{rz} 表示;② 土壤非饱和区,用 S_{uz} 表示;③ 饱和地下水区,用饱和地下水水面距流域土壤表面的深度 D_i 来表示,可理解为缺水深。

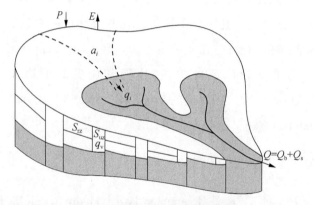

图 2.3　TOPMODEL 物理概念示意图

若将流域划分为若干个单元网格,那么对于每一个单元网格,其水分运动规律如下(见图 2.4):降水满足植物冠层截留和填洼以后,首先下渗进入植被根系区来补给该区的缺水量,储存在这里的水分部分参加蒸散发运动,直至枯竭;而当植被根系区土壤含水量达到田间持水量时,多余的水分将下渗入土壤非饱和区来补充非饱和区土壤含水量。在非饱和区中,水分以一定的垂直下渗率 q_v 进入饱和地下水区。在饱和地下水区中,水分通过侧向运动形成壤中流 q_b (亦称为基流)。q_v 的下渗与 q_b 的流出使饱和地下水水面不

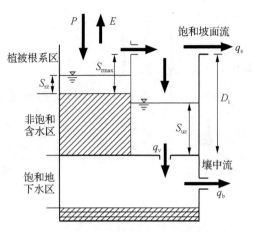

图 2.4 单元网格土壤水分运动示意图

断发生变化,当部分面积的地下水水面不断抬升直至地表,形成饱和面,此时便会产生饱和坡面流 q_s。q_s 只发生在这种饱和地表面积,或者叫做源面积上。将 q_b、q_s 分别在整个流域上积分,得到 Q_b 和 Q_s。因此,在 TOPMODEL 中,流域总径流 Q 是壤中流和饱和坡面流之和,表达式为:

$$Q = Q_b + Q_s \qquad (2.18)$$

在整个计算过程中,源面积是不断变化的,亦称变动产流面积。流域源面积的位置受流域地形和土壤水力特性两个因素的影响。当地下水向坡底运动时,将会在地形平坦的幅合面上汇集,而地形幅合的程度决定给定面积上坡面汇水面积的大小,平坦面积的坡度影响水继续坡向运动的能力。土壤水力特性、水力传导度和土壤厚度决定了某一地点的导水率,从而影响水力继续坡向运动的能力。源面积一般位于河道附近,随着下渗的持续,饱和面积向河道两边的坡面延伸,这种延伸同时受到来自山坡上部的非饱和区壤中流的影响。所以,在一定意义上,变动产流面积可看做河道系统的延伸,如图 2.5 所示。

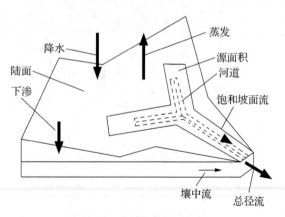

图 2.5　源面积发展示意图

TOPMODEL 主要通过流域含水量（或缺水量）来确定源面积的大小和位置。而含水量的大小可由地形指数来计算，并借助地形指数来描述和解释径流趋势及在重力排水作用下径流沿坡向的运动。因此 TOPMODEL 也被称为以地形为基础的半分布式流域水文模型。模型的计算原理和参数在此不再赘述。下面简要介绍计算流程。

2）TOPMODEL 计算流程

在利用 TOPMODEL 进行产流计算之前，首先对流域 DEM 数据进行填洼处理并提取相关的地理信息，包括流向判断、水系生成、流域边界确定、子流域划分等，然后对生成的各子流域进行最大河长计算，逐网格地形指数计算及提取"地形指数—面积分布函数"，在此基础上再进行 TOPMODEL 计算。因为在 TOPMODEL 中，假定地形指数相同的区域具有水文相似性，用"地形指数—面积分布函数"来描述水文特性的空间不均匀性，它表示了具有相同地形指数值的流域面积占全流域的比例。通常从 DEM 提取网格的地形指数，然后用统计方法计算出地形指数的面积分布函数。因此在模型计算中，首先按照地形的指数分类,对每类地形指数对应的网格进行产汇流计算。网格内的产流计算包括植被根系区蒸发计算、非饱和区垂直下渗计算、饱和区壤中流计算和饱和坡面流计算。根据地形指数所对应的面积比例,即可计算出某一类地形指数对应的所有网格的产流量。将每一类地形指数对应的所有网格的产流量进行累加,即可计算出时段内子流域的产流量。计算出的地面径流和地下径流均视为在空间上相等,可通过等流时线法进行汇流演算,求出子流域出口处的流量过程。然后将子流域出口流量通过河道汇流演算得出流域总出口断面流量过程。河道演算多采用近似运动波的常波速洪水演算方法。

2.5.3 萨克拉门托模型

萨克拉门托模型是一个集总参数型的确定性流域水文模型。模型以土壤水分的贮存、渗透、运移和蒸散发特性为基础,用一系列具有一定物理概念的数学表达式来描述径流形成的各个过程;模型中的每一个变量代表水文循环中一个相对独立的层次和特性;模型参数则是根据流域特性、降雨量和流量资料推求。

1) 产流量计算

降落在透水面积上的时段雨 P,首先补充上层张力水蓄量,当满足上土层张力水缺水量后,其余的雨量成为有效降雨 PAV。

$$PAV = \begin{cases} 0 & P \leqslant UZTWM - UZTWC \\ P + UZTWC - UZTWM & P > UZTWM - UZTWC \end{cases} \tag{2.19}$$

式中:$UZTWM$——上土层张力水容量(mm);

$UZTWC$——上土层张力水蓄量(mm)。

（1）直接径流

直接径流由永久不透水面积上形成的直接径流和可变不透水面积上形成的直接径流两部分组成。

① 永久不透水面积上形成的直接径流

$$RQIMP = P \cdot PCTIM \qquad (2.20)$$

式中：$RQIMP$——永久不透水面积上形成的直接径流(mm)；

$PCTIM$——永久不透水面积占全流域面积的百分数。

② 可变不透水面积上形成的直接径流

因为在可变不透水面积上也分为上下两个土层，各层的张力水容量与透水面积上的一样，但不设自由水。总的张力水蓄量 $ADIMC$ 由上下两层的张力水蓄量组成，上层张力水蓄量等于透水面积上的上土层张力水蓄量$UZTWC$，下土层张力水蓄量为 $ADIMC-UZTWC$。

当透水面积产生有效降雨 PAV 时，则可变不透水面积上形成的直接径流为：

$$ADDRQ = PAV \left(\frac{ADIMC-UZTWC}{LZTWM} \right)^2 \qquad (2.21)$$

式中：$ADDRQ$——可变不透水面积上形成的直接径流(mm)；

$LZTWM$——下土层张力水容量(mm)。

（2）地面径流

当上层自由水已达到其容量值 $UZFWM$ 后，超过部分成为地表径流 $ADSUR$。此时有效降雨

$$PAV = P + UZFWC - UZFWM, \qquad (2.22)$$

地表径流 $ADSUR$ 为：

$$ADSUR = PAV \cdot PAREA$$

式中：$UZFWC$——上层自由水蓄量(mm)；

      $PAREA$——透水面积占全流域的百分数,

$$PAREA=1-(PCTIM+ADIMP);$$

    $PCTIM$——永久不透水面积占全流域面积的百分数;

    $ADIMP$——变化的不透水面积占全流域的百分数。

  当透水面积上产生地表径流时,$ADIMP$ 透水部分亦产生地表径流,它与超渗雨及透水部分的面积成正比。

$$ADSUR=(PAV+UZFWC-UZFWM)\left(1-\frac{ADDRQ}{PAV}\right) \qquad (2.23)$$

式中:$ADSUR$——地表径流;

    $UZTWM$——上土层张力水容量(mm);

    $UZTWC$——上土层张力水蓄量(mm);

    PAV——有效降雨;

    $ADDRQ$——可变不透水面积上形成的直接径流(mm)。

(3) 壤中流

  上层自由水的侧向出流产生壤中流,假定出流量与蓄量成线性关系,即

      日出流量$=UZFWC \cdot UZK \cdot PAREA$

$$时段出流量=UZFWC[1-(1-UZK)^{\frac{\Delta t}{24}}] \cdot PAREA \qquad (2.24)$$

式中:UZK——壤中流日出流系数;

    Δt——计算时段;

    $UZFWC$——上层自由水蓄量(mm);

    $PAREA$——透水面积占全流域的百分数。

(4) 快速地下水

  快速地下水假定出流量与蓄量成线性关系,即

      日出流量$=LZFSC \cdot LZSK \cdot PAREA$

$$时段出流量=LZFSC[1-(1-LZSK)^{\frac{\Delta t}{24}}] \cdot PAREA \qquad (2.25)$$

式中:$LZFSC$——快速地下水蓄量(mm);

　　　　　　$LZSK$——快速地下水日出流系数；

　　　　　　$PAREA$——透水面积占全流域的百分数。

（5）慢速地下水

慢速地下水假定出流量与蓄量成线性关系，即：

$$日出流量 = LZFPC \cdot LZPK \cdot PAREA$$

$$时段出流量 = LZFPC[1-(1-LZPK)^{\frac{\Delta t}{24}}] \cdot PAREA \qquad (2.26)$$

式中：$LZFPC$——慢速地下水蓄量（mm）；

　　　　　　$LZPK$——慢速地下水日出流系数；

　　　　　　$PAREA$——透水面积占全流域的百分数。

2）蒸散发计算

流域的蒸散发能力 EP 由逐日的蒸发皿观测值经改正后求得。

（1）上土层张力水蒸散发量 E_1

① 降落在透水面积上的时段雨量 P，首先补充上土层张力水蓄量，当满足上土层张力水的缺水量后其余的雨量成为有效降雨 PAV。

$$E_1 = \begin{cases} EP\dfrac{UZTWC}{UZTWM} & UZTWC \geqslant EP \\ UZTWC & UZTWC < EP \end{cases} \qquad (2.27)$$

式中：$UZTWM$——上土层张力水容量（mm）；

　　　　　　$UZTWC$——上土层张力水蓄量（mm）；

　　　　　　EP——流域的蒸散发能力。

② 上土层自由水蒸散发量 E_2

$$E_2 = \begin{cases} 0 & EP-E_1=0 \\ EP-E_1 & UZFWC \geqslant EP-E_1 \\ UZFWC & UZFWC < EP-E_1 \end{cases} \qquad (2.28)$$

式中:$UZFWC$——上层自由水蓄量(mm)。

③ 下土层张力水蒸散发量 E_3

$$E_3 = (EP - E_1 - E_2)\frac{LZTWC}{UZTWM + LZTWM} \tag{2.29}$$

式中:$UZTWM$——上土层张力水容量(mm);

　　$LZTWM$——下土层张力水容量(mm);

　　$LZTWC$——下土层张力水蓄量(mm)。

④ 水面蒸发量 E_4

$$令\ SP = SARVA - PCTIM$$

$$E_4 = \begin{cases} EP \cdot SARVA & SARVA \leqslant PCTIM \\ EP \cdot SARVA - (E_1 + E_2 + E_3)SP & SARVA > PCTIM \end{cases} \tag{2.30}$$

式中:$SARVA$——河网、湖泊及水生植物的面积占全流域

　　　　面积的百分数;

　　$PCTIM$——永久不透水面积占全流域面积的百分数。

⑤ 可变不透水面积上的蒸散发量 E_5

$$E_5 = E_1 + (EP - E_1)\frac{ADIMC - UZTWC}{UZTWM + LZTWM} \tag{2.31}$$

式中:$UZTWM$——上土层张力水容量(mm);

　　$LZTWM$——下土层张力水容量(mm);

　　EP——流域的蒸散发能力;

　　$ADIMC$——总的张力水蓄量,由上下两层的张力水

　　　　蓄量组成。

3) 渗透量的计算

萨克拉门托模型设置了上下土层之间的水分运动结构。土壤水分从上土层渗透到下土层是根据下土层渗透量来计算的。当上下土层的蓄水量完全饱和时,时段渗透量与下土层自由水的产流量相等,其稳定下渗量为:

$$PBASE = LZFPM \cdot LZPK + LZFSM \cdot LZSK \qquad (2.32)$$

式中:$LZFSM$——快速地下水容量;

　　　$LZSK$——快速地下水日出流系数;

　　　$LZFPM$——慢速地下水容量;

　　　$LZPK$——慢速地下水日出流系数。

（1）上土层饱和而下土层干旱时

渗透率与下土层的缺水程度有关。当上土层饱和,而下土层最干旱时,渗透率最大。萨克拉门托模型认为渗透率 $PERC$ 的变化与下土层相对缺水量 $DEFR$ 及指数 $REXP$ 有关,即

$$PERC = PBASE(1 + ZPERC \cdot DEFR^{REXP}) \qquad (2.33)$$

式中:$ZPERC$——与最大渗透率有关的参数;

　　　$PBASE$——渗透量;

　　　$REXP$——渗透函数中的指数。

$$DEFR = 1 - \frac{LZFPC + LZFSC + LZTWC}{LZFPM + LZFSM + LZTWM}$$

式中:$LZFPM$——慢速地下水容量;

　　　$LZFSM$——快速地下水容量;

　　　$LZTWM$——下土层张力水容量。

　　　$LZFPC$——慢速地下水蓄量;

　　　$LZFSC$——快速地下水蓄量;

　　　$LZTWC$——下土层张力水蓄量。

指数 $REXP$ 决定了渗透曲线向下凹的程度。$REXP$ 越大,则渗透曲线越向下凹,渗透曲线如图 2.6 所示。

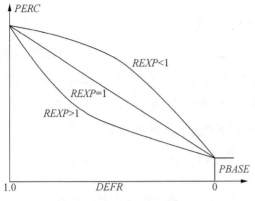

图 2.6　渗透曲线示意图

（2）上土层供水不充分时

若上土层自由水并非充分供水，渗透率与上土层自由水的供水量有关，实际下渗率为：

$$PERC = PBASE(1 + ZPERC + DEFR^{REXP})\frac{UZFWC}{UZFWM} \qquad (2.34)$$

式中：$UZFWC$——上层自由水蓄量；

　　$UZFWM$——下层自由水容量；

　　$DEFR$——下土层相对缺水量；

　　$PBASE$——渗透量；

　　$ZPERC$——与最大渗透率有关的参数。

（3）渗透水量的再分配

渗透到下土层的水量还要进行两次分配。第一次分配是在张力水和自由水之间进行；第二次分配是在快速地下水和慢速地下水之间进行，即将分配给自由水的水量再分配给快速地下水和慢速地下水。

① 张力水与自由水之间的分配

渗透到下土层的水量中，按分配常数 $PFREE$ 进行分配。分配给下土层自由水的渗透量为：

$$PERCF = PERC \cdot PFREE \qquad (2.35)$$

式中：$PERC$——渗透率。

（从上土层向下土层渗透的水量中分配给自由水的比例系数 $PFREE$，$PFREE$ 是一个变量，主要取决于地下水丰富程度。一般取 $PFREE = 0.2 \sim 0.5$。）

分配给下层张力水的渗透量为：

$$PERCW = PERC(1 - PFREE) \qquad (2.36)$$

若分配给张力水的水量和原存的张力水蓄量之和大于它的容量，即 $[PERC \cdot (1 - PFREE) + LZTWC] > LZTWM$，则超过部分的水量全部分配给自由水。

式中：$LZTWC$——下土层张力水蓄量；

$LZTWM$——下土层张力水容量；

$PFREE$——渗透到下土层的水量中的分配常数。

② 快速地下水与慢速地下水之间的分配

分配给下土层自由水的渗透量，再分配给快速地下水与慢速地下水。分配给慢速地下水的水量为：

$$PERCP = (PERC \cdot PFREE) \cdot \zeta \qquad (2.37)$$

式中：$PERC$——渗透率；

$PFREE$——渗透到下土层的水量中的分配常数。

$$\zeta = \frac{LZFPM}{LZFPM + LZFSM} \cdot \frac{2\left(1 - \dfrac{LZFPC}{LZFPM}\right)}{\left[\left(1 - \dfrac{LZFPC}{LZFPM}\right) + \left(1 - \dfrac{LZFSC}{LZFSM}\right)\right]}$$

$LZFPC$——慢速地下水蓄量；

$LZFSC$——快速地下水蓄量；

$LZTWC$——下土层张力水蓄量；

$LZFPM$——慢速地下水容量；

$LZFSM$——快速地下水容量。

分配给快速地下水的水量为：

$$PERCS=(PERC \cdot PFREE)-PERCP \tag{2.38}$$

式中：$PERC$——渗透率。

$PFREE$——渗透到下土层的水量中的分配常数；

$PERCP$——分配给慢速地下水的水量。

③ 反馈量

当渗透量超过下土层的缺水量时，将发生反馈，反馈量增加上土层的自由水蓄量。反馈量为：

$$CHECK=(PERC+LZFPC+LZFSC+LZTWC)-LPSW \tag{2.39}$$

$$LPSW=LZFPM+LZFSM+LZTWM$$

式中：$LZFPC$——慢速地下水蓄量；

$LZFSC$——快速地下水蓄量；

$LZTWC$——下土层张力水蓄量；

$LZFPM$——慢速地下水容量；

$LZFSM$——快速地下水容量；

$LZTWM$——下土层张力水容量。

4）土壤水分水平交换计算

萨克模型在上下两个土层中设置了自由水和张力水两种土壤水分的水平交换结构。

（1）上层土壤水的水平交换

在扣除了蒸散发量 E_1 和 E_2 之后，若当上层张力水消耗使 $\dfrac{UZFWC}{UZFWM} > \dfrac{UZTWC}{UZTWM}$ 时，自由水将补充张力水。通过两种土壤水分的水平交换，使两个蓄量之比相等而总蓄量不变。此时，

$$UZTWC = UZTWM \frac{UZTWC + UZFWC}{UZTWM + UZFWM} \qquad (2.40)$$

$$UZFWC = UZFWM \frac{UZTWC + UZFWC}{UZTWM + UZFWM} \qquad (2.41)$$

式中：$UZTWC$——上土层张力水蓄量(mm)；

$UZFWC$——上土层自由水蓄量(mm)；

$UZTWM$——上土层张力水容量(mm)；

$UZFWM$——上土层自由水容量。

(2) 下层土壤水的水平交换

在扣除了蒸散发量 E_3 之后,若下层张力水消耗使得：

$$\frac{LZTWC}{LZTWM} < \frac{LZFPC + LZFSC - SAVED + LZTWC}{LZFPM + LZFSM - SAVED + LZTWM}$$

时,自由水将补充张力水。补充的顺序是：先由快速自由水补充张力水,若快速自由水蓄量不足,不足部分由慢速自由水提供。通过两种土壤水分的水平交换(或调整量),使上面不等式两边相等。其调整量为：

$$DEL = \left(\frac{LZFPC + LZFSC - SAVED + LZTWC}{LZFPM + LZFSM - SAVED + LZTWM} - \frac{LZTWC}{LZTWM} \right) \cdot$$

$$LZTWM$$

$$(2.42)$$

式中：$SAVED = RSERV \times (LZFPM + LZFSM)$——不参与蒸散发的自由水蓄量。

$LZFPC$——慢速地下水蓄量；

$LZFSC$——快速地下水蓄量；

$LZTWC$——下土层张力水蓄量；

$LZFPM$——慢速地下水容量；

$LZFSM$——快速地下水容量；

$RSERV$——下土层自由水中不蒸发的比例。

5) 流域汇流计算

萨克拉门托模型将流域汇流计算分为坡面汇流和河网汇流两部分。

（1）坡面汇流

计算出的直接径流和地面径流直接进入河网,而壤中流、快速地下水和慢速地下水按线性水库调蓄后进入河网。

（2）河网总入流

各种水源的总和扣除时段内的水面蒸发 E_4,即得河网总入流。

（3）河网汇流

河网汇流一般采用无因次单位线。当河道断面或水力特性变化较大时,模型研制者建议采用"分层的马斯京根法"做进一步的调蓄计算,但对如何分层和确定演算参数未做阐述。根据经验,汇流部分使用者可根据流域实际情况自行配置。

2.5.4　SWAT 模型

SWAT(Soil and Water Assessment Tool)模型是在 1994 年由 Arnold. 博士为美国农业部农业研究中心(USDA-ARS)开发的大尺度可以进行长时段流域环境模拟的分布式水文模型。该模型主要源于 SWRRB 模型,并吸收了 CREAMS 模型、GLEAMS 模型、EPIC 模型和 ROTO 模型的主要特征。

1) SWAT 模型的基本原理

SWAT 模型具有较强的物理机制,由 701 个方程、1 013个中间变量组成的综合模型体系,对不同的土壤类型、土地利用类型和管理措施下的复杂大流域都有适用性,适合在资料缺乏的地区建模。

水量平衡是模型基本原理的核心,也是水文循环得以存在的基本支撑。SWAT 模型中采用的水量平衡表达式为:

$$SW_t = SW_0 + \sum_{i=1}^{t} (R_{day,i} - Q_{surf,i} - E_{a,i} - W_{seep,i} - Q_{gw,i})$$

$$(2.43)$$

式中:SW_t——时段末土壤含水量(mm);

SW_0——初始土壤含水量;

t——时间步长(d);

$R_{day,i}$——第 i 天的降水量(mm);

$Q_{surf,i}$——第 i 天的地表径流量(mm);

$E_{a,i}$——第 i 天的蒸发量(mm);

$W_{seep,i}$——第 i 天存在于土壤剖面地层的渗透量和
　　　　　侧流量(mm);

$Q_{gw,i}$——第 i 天的地下径流量(mm)。

SWAT 模型对流域水文循环过程分为两个阶段:一个是陆面水文循环(产流和坡面汇流),在这个阶段中,降水产流并伴随着土壤侵蚀,主要是控制着由地表、土壤层、地下含水层流向主河道的水量、泥沙量、营养物质和农药的输出量;另一个就是汇流演算(河道和蓄水体汇流部分),在这个阶段中主要是控制着水、泥沙等物质在河网中向流域出口输移的过程。

2) 水文循环的陆地阶段

(1) 气候因素

流域的气候对水文循环有很大的影响,气候可以分为

局部地区的气候特征和全球的气候特征。全球气候的变化会影响到局部气候。《联合国气候变化框架公约》(UNFCCC)第一款中,将气候变化定义为:经过相当一段时间的观察,在自然气候变化之外由人类活动直接或间接地改变全球大气组成所导致的气候变化。气候变化(climate change)主要表现在三个方面:全球气候变暖(Global Warming)、酸雨(Acid Deposition)、臭氧层破坏(Ozone Deletion),其中全球气候变暖是人类目前最迫切需要解决的问题。化石燃料的燃烧、森林的滥砍滥伐、土地利用变化等人类活动排放的温室气体导致大气温室气体浓度大幅增加,温室效应增强,从而引起全球变暖,温度升高。SWAT 模型需要输入的气候因素有:日降水量、日最高最低气温、太阳辐射、风速和相对湿度。温度的升高必然会影响到各个因素的变化,对水文循环的影响是不可小觑的。模型所需要的这些变量可以输入实测值,也可以模拟生成。

(2) 水文因素

① 冠层截留

植物冠层截留和树种的组成、树龄、冠层厚度、郁闭度和枝叶的干燥度等特征有关,同时还和降雨的强度、风速、气温等气象因子有密切关系。植物冠层截留是多种因子综合作用的结果,是保持水土、涵养水源的第一道防线。植物冠层的截留量虽然较低,但是冠层的主要作用还有减轻、缓冲雨水直接打击地面,改变降雨的侵蚀危害。SWAT 模型中计算地表径流有两种方法。Green&Ampt方法需要单独计算冠层截留。这种方法的主要输入为:时段叶面积指数(LAI)和冠层最大蓄水量。在计算蒸发时,植被冠层的水分首先蒸发。

② 下渗

下渗是水在分子力、毛细管引力和重力作用下在土壤中发生的物理过程,是形成径流的重要环节。它直接决定着地面径流的生成和大小,影响着土壤水和潜水的增长,从而影响着地表径流、地下径流的形成及其大小。下渗率是指单位面积、单位时间渗入土壤的水量,也称为下渗强度。影响下渗的因素主要有土壤的物理属性、降雨特性、流域地貌、植被和人类活动等。模型中计算下渗主要考虑两个参数:一是初始下渗率,它依赖于土壤湿度和供水条件;二是最终下渗率,即土壤饱和水力传导度。当采用SCS曲线数法来计算地表径流时,因为计算的时间步长为日,是不能直接模拟下渗的,要根据水量平衡来计算下渗量。Green&Ampt方法可以直接计算下渗量,但是需要次降雨的数据。

③ 地表径流

在陆面水文循环中,地表径流占主导地位。SWAT模型根据降雨量计算每一个水文响应单元的地表径流和洪峰流量。地表径流量的计算采用改进的美国水土保持局(USDA SCS)提出的小流域暴雨径流估算模型——SCS径流曲线数法(curve number method)。SCS模型中引用可以反映降水前流域特征的无量纲参数 CN,它不仅与流域前期的土壤湿度(Antecedent Moisture Condition, AMC)、坡度、植被有关,还受土壤类型和土地利用现状的直接影响。因此,要结合土地利用方式和土壤质地来确定 CN 值的大小。在降雨不同的条件下,不同的 CN 值所产生的径流量也不一样。

SCS径流曲线数法方程:

$$Q_{surf} = \frac{(R_{day} - I_a)^2}{(R_{day} - I_a + S)} \qquad (2.44)$$

式中: Q_{surf}——径流量(mm);

$\quad R_{day}$——降雨量(mm);

$\quad I_a$——初损量(mm),是产生径流之前的降雨损失量;

$\quad S$——流域当时的可能最大滞留量(mm),是后损的
上限。

I_a 的计算通常采用的公式为 $I_a = 0.2S$,这样上式就简
化为:

$$Q_{surf} = \frac{(R_{day} - 0.2S)^2}{R_{day} + 0.8S} \qquad (2.45)$$

流域最大可能滞留量 S 的变化幅度大,在空间上与土地利
用、土壤类型和坡度等下垫面因素密切相关,模型引入一
个无因次参数 CN 与 S 建立经验关系,公式为:

$$S = \frac{25\ 400}{CN} - 254 \qquad (2.46)$$

流域的空间差异性是明显的,因此 SWAT 模型对 SCS 模
型的 CN 值进行坡度校正和土壤水分校正。为了反映流
域土壤水分对 CN 值的影响,SCS 模型根据前期降水量的
大小将前期水分条件划分为干旱、正常和湿润三个等级,
不同的前期土壤水分取不同的 CN 值,干旱和湿润的 CN
值由下式计算:

$$CN_1 = CN_2 - \frac{20(100 - CN_2)}{100 - CN_2 + \exp[2.533 - 0.0636(100 - CN_2)]} \qquad (2.47)$$

$$CN_3 = CN_2 \cdot \exp 0.063\ 6(100 - CN_2) \qquad (2.48)$$

式中: CN_1、CN_2 和 CN_3——分别是干旱、正常和湿润等级
的 CN 值。

SCS 模型中提供坡度大约为 5% 的 CN 值,用以对 CN 进行坡度校正:

$$CN_{2s} = \frac{CN_3 - CN_2}{3} - [1 - 2\exp(-13.86SLP)] + CN_2 \qquad (2.49)$$

式中:CN_{2s}——经过坡度校正后的正常土壤水分条件下的 CN_2 值;

$\quad\quad$ SLP——子流域平均坡度(m/m)。

④ 壤中流

土壤层(0~2 m)内的侧流是和入渗同时计算的。下渗到土壤中的水既可以被植物吸收或蒸腾损耗,也可以渗漏到土壤层补给地下水,或是在地表形成径流,即壤中流。SWAT 模型采用动力贮水模型(kinematic storage-model)计算壤中流,公式为:

$$Q_{lat} = 0.024 \left(\frac{2SW_{ly,excess} \cdot K_{sat} \cdot slp}{\varphi_d \cdot L_{hill}} \right) \qquad (2.50)$$

式中:Q_{lat}——侧向流量(mm);

$\quad\quad$ $SW_{ly,excess}$——即将流出饱和带的水量(mm);

$\quad\quad$ K_{sat}——土壤饱和导水率(mm/h);

$\quad\quad$ slp——坡度(m/m);

$\quad\quad$ φ_d——土壤层总孔隙度;

$\quad\quad$ L_{hill}——坡长(m)。

⑤ 地下径流

根据地下水的埋藏条件并考虑地下水的成因和水动力条件,地下径流分为浅层地下径流和深层地下径流。浅层地下径流通常指潜水所形成的径流,它在地表以下第一个常年含水层中,补给来源主要是大气降水和地表水的渗入。深层地下径流是由埋藏在隔水层之间的承压水所形成的。SWAT 模型将地下水分为浅层地下水和深层地下水。浅层

地下水汇入流域内河流,为本流域内的河道提供回归
流;深层地下水汇入流域外河流,为流域外的河道提供
回归流。

浅层地下水的水量方程:

$$aq_{\mathrm{sh},i}=aq_{\mathrm{sh},i-1}+w_{\mathrm{rchrg}}-Q_{\mathrm{gw}}-w_{\mathrm{revap}}-w_{\mathrm{deep}}-w_{\mathrm{pump,sh}} \qquad (2.51)$$

式中:$aq_{\mathrm{sh},i}$——第 i 天在浅蓄水层中的水量(mm);

$aq_{\mathrm{sh},i-1}$——第 $i-1$ 天在浅蓄水层的水量(mm);

w_{rchrg}——第 $i-1$ 天进入浅蓄水层中的水量(mm);

Q_{gw}——第 i 天进入河道的基流(mm);

w_{revap}——第 i 天由于土壤缺水而进入土壤带的水量(mm);

w_{deep}——第 i 天从浅蓄水层进入深蓄水层的水量(mm);

$w_{\mathrm{pump,sh}}$——第 i 天浅蓄水层中被上层吸收的水量(mm)。

深层地下水的水量平衡公式:

$$aq_{\mathrm{dp},i}=aq_{\mathrm{dp},i-1}+w_{\mathrm{deep}}-w_{\mathrm{pump,dp}} \qquad (2.52)$$

式中:$aq_{\mathrm{dp},i}$——第 i 天在深蓄水层中的水量(mm);

$aq_{\mathrm{dp},i-1}$——第 $i-1$ 天在深蓄水层中的水量(mm);

w_{deep}——第 i 天从浅蓄水层进入深蓄水层的水量(mm);

$w_{\mathrm{pump,dp}}$——第 i 天深蓄水层中被上层吸收的水量(mm)。

⑥ 蒸散发

蒸散发作为流域重要的水分支出方式,包括水面蒸
发、裸地蒸发和植被蒸散发。根据 Dingman 的研究,大约
有 62% 的降水通过蒸散发转化为了水蒸气,并且除了美洲
大陆,其他大洲的蒸散量都超过了径流量。因此,准确评
价蒸散发量的大小是计算水资源量的关键,也是研究气候
和土地利用变化对径流影响的关键。

　　潜在蒸散发为覆盖单一生长作物、土壤水供应充足并且没有对流的理想区域的蒸散速率。对于潜在蒸散发的计算，模型提供了三种方法，分别是 Penman-Monteith，Priestley-Taylor 和 Hargreaves。此外，也可以用实测资料或已经计算好的逐日潜在蒸散发资料。通常采用 Penman-Monteith 方法来计算潜在蒸散发。Penman-Monteith 方法需要太阳辐射、最高最低气温、风速和相对湿度作为输入资料，公式为：

$$ET_0 = \frac{\Delta(R_n - G) + 86.7\rho D/ra}{L(\Delta + \gamma)} \qquad (2.53)$$

式中：ET_0——蒸散发能力（mm）；

　　　　Δ——饱和水汽压斜率（kPa/℃）；

　　　　R_n——净辐射量（MJ/m²）；

　　　　G——土壤热通量（MJ/m²）；

　　　　ρ——空气密度（g/m³）；

　　　　D——饱和水汽压差（kPa）；

　　　　ra——边界层阻力（s/m）；

　　　　L——汽化潜热（MJ/kg）；

　　　　γ——湿度计常数。

　　实际蒸散发是在潜在蒸散发的基础上进行计算的。SWAT 模型先从植被冠层截留蒸发开始计算，然后再计算最大蒸腾量、最大升华量和最大土壤水分蒸发量，最后计算实际的升华量和土壤水分蒸发量。

　　冠层截留蒸发量的计算。模型在进行实际蒸散发的计算时假定先从植被冠层截留的水分开始蒸发，如果潜在蒸发 E_0 量小于冠层截留的水量时，则

$$E_a = E_{can} = E_0 \qquad (2.54)$$

$$E_{\mathrm{in}T(f)} = E_{\mathrm{in}T(i)} - E_{can} \qquad (2.55)$$

式中：E_a——某日流域的实际蒸发量(mm)；

$\quad E_{can}$——某日冠层自由水蒸发量(mm)；

$\quad E_0$——某日的潜在蒸发量(mm)；

$\quad E_{\mathrm{in}T(i)}$——某日植被冠层自由水初始含量(mm)；

$\quad E_{\mathrm{in}T(f)}$——某日植被冠层自由水终止含量(mm)。

如果潜在蒸发大于冠层截留的自由水量,则有：

$$E_{can} = E_{\mathrm{in}T(i)} \qquad (2.56)$$

$$E_{\mathrm{in}T(f)} = 0 \qquad (2.57)$$

在植被冠层截留的自由水量被全部蒸发掉后,继续蒸发所需要的水分就会从植被和土壤中得到。

植物蒸腾的计算公式为：

$$E_t = \frac{E_0' \cdot LAI}{3.0}, \qquad 0 \leqslant LAI \leqslant 3.0 \qquad (2.58)$$

$$E_t = E_0', \qquad LAI > 3.0 \qquad (2.59)$$

式中：E_t——某日的最大蒸腾量(mm)；

$\quad E_0'$——植物冠层自由水蒸散发调整后的潜在蒸散发量(mm)；

$\quad LAI$——叶面积指数。

由于植被是处于理想的生长状态下计算的,实际上,土壤剖面缺少可利用的水分,结果计算出来的蒸腾量可能比实际蒸腾量要大一些。

当计算土壤水分蒸发时,要分出各土壤层所需的蒸发量,土壤层次的划分将决定土壤允许的最大蒸发量,土壤水分蒸发的计算公式为：

$$E_{soil,z} = E''_s \frac{z}{z + \exp(2.374 - 0.007\ 13z)} \qquad (2.60)$$

式中：$E_{soil,z}$——z 深度处蒸发所需要的水量(mm)；

　　　z——地表以下土壤的深度(mm)。

（3）植被覆盖

植被覆盖对降雨的再分配过程有重要影响。气温、水分和养分都会影响到植物的生长。植被也具有含蓄水分的作用，一个地区植被覆盖率的大小和产流密切相关。SWAT 模型可以用一个单一的植物生长模型来模拟所有类型的植被覆盖。这样的植物生长模型可以区分一年生植物和多年生植物，因此可以用来判定根系区水和营养物质的移动、蒸腾和生物量。

3）水文循环的汇流演算阶段

水文循环的汇流演算阶段主要来模拟进入主河道的水量、泥沙量、营养物质和杀虫剂在经过河网输移过程之后的量的多少。这个阶段分为河道汇流演算和水库汇流演算两个部分。

（1）主河道汇流演算

在水流流向下游的过程中，一部分水量通过蒸发损失掉，还有一部分通过河床损失掉，其余的则被农业用水、工业用水所消耗。补充的来源则为直接降水和点源输入。主河道的汇流演算多采用变动存储系数模型（Variable Storage Cofficient Method）和马斯京根法（Muskingum）。

① 变动存储系数模型

取一个水体微段进行研究，连续方程为：

$$V_{in} - V_{out} = \Delta V_{stored} \qquad (2.61)$$

式中：V_{in}——时段的入流量(m^3)；

V_{out}——时段内的出流量(m^3)；

ΔV_{stored}——时段内的存储量的变化(m^3)。

上式也可以写为：

$$q_{in,ave} + \frac{V_{stored,1}}{\Delta t} - \frac{q_{out,1}}{2} = \frac{V_{stored,2}}{\Delta t} + \frac{q_{out,2}}{2} \quad (2.62)$$

式中：$q_{in,ave}$——时段内的平均流量(m^3)，$q_{in,ave} = \frac{q_{in,1} + q_{in,2}}{2}$；

$q_{in,1}$——时段初的入流量(m^3)；

$q_{in,2}$——时段末的入流量(m^3)；

$q_{out,1}$——时段初的出流量(m^3)；

$q_{out,2}$——时段末的出流量(m^3)；

Δt——时段长(s)；

$V_{stored,1}$——时段初的储存量(m^3)；

$V_{stored,2}$——时段末的储存量(m^3)。

汇流时间的计算公式为：

$$TT = \frac{V_{stored}}{q_{out}} = \frac{V_{stored,1}}{q_{out,1}} = \frac{V_{stored,2}}{q_{out,2}} \quad (2.63)$$

式中：TT——汇流时间(s)；

V_{stored}——储水量(m^3)；

q_{out}——出流流量(m^3/s)。

化简得：

$$q_{out,2} = \left(\frac{2\Delta t}{2TT + \Delta t}\right)q_{in,ave} + \left(1 - \frac{2\Delta t}{2TT + \Delta t}\right)q_{out,1}$$

$$(2.64)$$

引入一个新参变量变储系数(SC)，令 SC 为：

$$SC = \frac{2\Delta t}{2TT + \Delta t} \quad (2.65)$$

同时得到：

$$(1-SC)q_{\text{out}}=SC\frac{V_{\text{stored}}}{\Delta t} \tag{2.66}$$

于是有：

$$q_{\text{out},2}=SC\Big(q_{\text{in,ave}}+\frac{V_{\text{stored},1}}{\Delta t}\Big) \tag{2.67}$$

两边同乘一个时间段 Δt 得到时段末的出流量：

$$V_{\text{out},2}=SC(V_{\text{in}}+V_{\text{stored},1}) \tag{2.68}$$

② 马斯京根法模型

马斯京根法是由 G. T. 麦卡锡于 1938 年提出来的,因首先应用于美国马斯京根河而得名。本方法主要是以马斯京根槽蓄曲线方程和水量平衡方程联立求解,并进行河段洪水演算。由于存在附加比降,河段中的槽蓄量等于柱蓄和楔蓄的总和,可以建立蓄量关系为：

$$V_{\text{stored}}=K(X \cdot q_{\text{in}}+(1-X) \cdot q_{\text{out}}) \tag{2.69}$$

式中：V_{stored}——河段内的总蓄量(m^3)；

K——稳定流情况下的河段传播时间(s)；

X——流量比重因子。

联立水量平衡方程和马斯京根槽蓄曲线方程,得到马斯京根流量演算方程：

$$q_{\text{out},2}=C_1 \cdot q_{\text{in},2}+C_2 \cdot q_{\text{in},1}+C_3 \cdot q_{\text{out},1} \tag{2.70}$$

其中，

$$
\left.
\begin{aligned}
C_1 &=\frac{\Delta t-2K \cdot X}{2K(1-X)+\Delta t} \\[2mm]
C_2 &=\frac{\Delta t+2K \cdot X}{2K(1-X)+\Delta t} \\[2mm]
C_3 &=\frac{2K(1-X)-\Delta t}{2K(1-X)+\Delta t}
\end{aligned}
\right\} \tag{2.71}
$$

式中:$q_{in,1}$——时段初的入流量(m^3);

$\qquad q_{in,2}$——时段末的入流量(m^3);

$\qquad q_{out,1}$——时段初的出流量(m^3);

$\qquad q_{out,2}$——时段末的出流量(m^3);

$\qquad C_1$、C_2、C_3 是 K、X、Δt 的函数。

（2）水库演算

水库的水量平衡包括入流、出流、蒸发、地表降水、库底渗漏、引水和回归流。在 SWAT 模型中,有三种估算出流的方法:① 输入实测的出流数据;② 对于无观测数据的小水库,可以规定一个出流量;③ 对于大水库需要一个月调控目标。

2.6　基于新安江模型的黄泥庄流域洪水预报

本书将采用新安江模型作为确定性水文预报模型对研究流域进行出口断面流量的预报。

本书选用黄泥庄流域 1980—2009 年间共 18 场洪水进行模型计算(其中 12 场作为率定场次,6 场作为验证场次)。资料包括:流域内 12 个雨量站的时段降雨资料;流域内梅山站 E601 蒸发皿逐日实测水面蒸发资料;黄泥庄水文站的时段流量过程。

根据水情遥测站网,用泰森多边形将黄泥庄流域划分为 12 个单元面积,再根据流域地形、地貌条件将其划分为 3 个子区间,如图 2.7 所示。本书将黄泥庄水文站所在区域设为子区间一,关庙雨量站所在区域设为子区间二,吴店雨量站所在区域设为子区间三。

对每个子区间采用三水源新安江模型分别进行蒸散发计算、产流计算、水源划分和汇流计算,得到每个子区间的出流过程;将子区间的出流过程用马斯京根分段连续演算法进行出口以下的河道洪水演算,求得子区间在流域出口的流量过程线;将每个子区间在流域出口的流量过程线性叠加,即为黄泥庄站的洪水过程。

先根据模型参数概念分析方法初定参数,然后根据特定的目标函数来率定参数。本书分别选择洪峰误差、洪量误差和确定性系数作为判定预报结果好坏的目标函数。洪峰误差计算公式为:

$$e=(y_i-y)/y \tag{2.72}$$

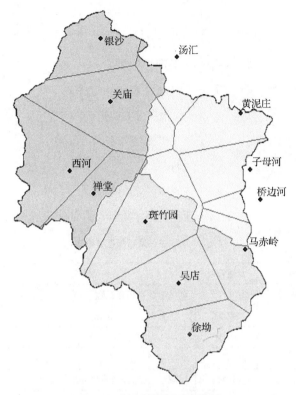

图 2.7 黄泥庄流域分区概化图

式中：e——一场洪水的洪峰误差；

　　y——一场洪水的洪峰值；

　　y_i——这场洪水的预报洪峰值。

洪量误差计算公式为：

$$\varepsilon = (W_i - W)/W \qquad (2.73)$$

式中：ε——一场洪水的洪量误差；

　　W——一场洪水的洪量；

　　W_i——这场洪水的预报洪量值。

确定性系数计算公式为：

$$D_c = 1 - \frac{S_c^2}{\sigma_y^2} \qquad (2.74)$$

$$其中,S_c = \sqrt{\frac{1}{n}\sum_{i=1}^{n}(y-y_i)^2}, \sigma_y = \sqrt{\frac{1}{n}\sum_{1}^{n}(y_i-\bar{y})^2}。$$

式中:D_c——确定性系数;

$\quad\quad S_c$——预报误差的均方差;

$\quad\quad \sigma_y$——预报要素的均方差;

$\quad\quad y_i、\bar{y}$——实测值及其均值;

$\quad\quad y$——预报值;

$\quad\quad n$——资料序列长度。

经率定后的次洪模型参数如表 2.2 所示。

表 2.2 黄泥庄站次洪模型参数表

层 次		参数符号	参数意义	参数取值
第一层次	蒸散发计算	KC	流域蒸散发折算系数	1.15
		WUM	上层张力水容量(mm)	20
		WLM	下层张力水容量(mm)	60
		C	深层蒸散发折算系数	0.2
第二层次	产流计算	WM	流域平均张力水容量(mm)	120
		B	张力水蓄水容量曲线方次	0.4
		IM	不透水面积占全流域面积的比例	0.01
第三层次	水源划分	SM	表层自由水蓄水容量(mm)	37
		EX	表层自由水蓄水容量曲线方次	1.2
		KG	表层自由水蓄水对地下水的日出流系数	0.45
		KI	表层自由水蓄水对壤中流的日出流系数	0.25
第四层次	汇流计算	CI	壤中流消退系数	0.98
		CG	地下水消退系数	0.85
		CS(UH)	河网蓄水消退系数(单位线)	0.023
		L1	子区间一滞时	0
		L2	子区间二滞时	3
		L3	子区间三滞时	3
		KE	马斯京根法演算参数(h)	1
		XE	马斯京根法演算参数	0.2

次洪模型验证期洪水过程线如图 2.8～图 2.13 所示,次洪模型率定期及验证期模拟结果及精度统计如表 2.3、表 2.4 所示。

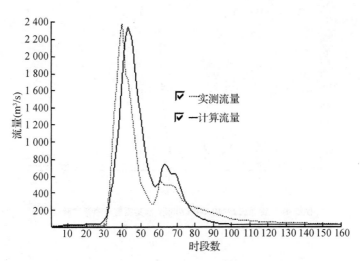

图 2.8　黄泥庄站"1983072120"洪水实测值与预报过程线

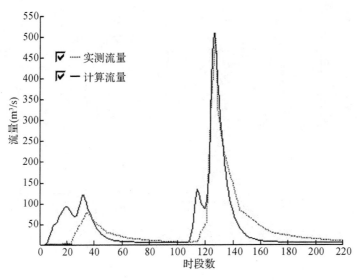

图 2.9　黄泥庄站"1986061100"洪水实测值与预报过程线

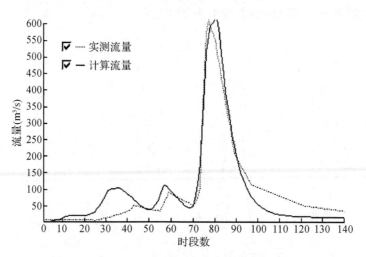

图 2.10 黄泥庄站"1993091708"洪水实测值与预报过程线

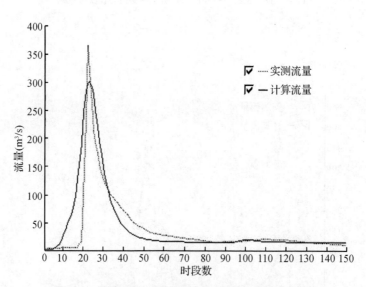

图 2.11 黄泥庄站"1996050220"洪水实测值与预报过程线

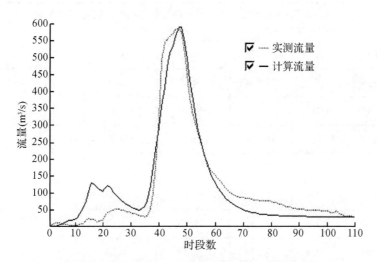

图 2.12 黄泥庄站"2005070908"洪水实测值与预报过程线

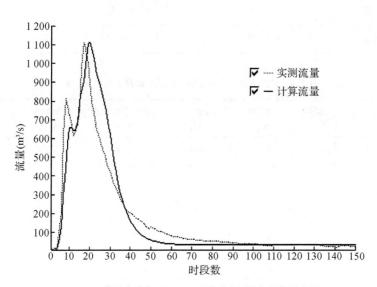

图 2.13 黄泥庄站"2009062912"洪水实测值与预报过程线

表 2.3　黄泥庄站次洪模型率定期模拟结果及精度统计表

洪　号	实测洪峰 （m³/s）	预报洪峰 （m³/s）	洪峰相对误差 （%）	洪量相对误差 （%）	峰现滞时 （h）	确定性系数
1980061000	342	338.12	−1.13	−1.28	0	0.92
1984080814	718	716.34	−0.23	5.59	1	0.77
1987043000	651	650.62	−0.06	−0.42	2	0.83
1989050808	459.6	460.21	0.13	−0.25	3	0.75
1990042900	309	285.24	−7.69	13.46	0	0.74
1995051808	631	573.95	−9.04	14.45	2	0.70
1997071314	297.28	289.89	−2.49	2.57	1	0.83
1999082500	101.4	101.57	0.17	0.51	−2	0.74
2000060200	246	245.56	−0.18	1.68	−2	0.68
2003050300	187.5	181.46	−1.64	−4.34	2	0.82
2006072207	384	377.93	−1.58	0.52	0	0.80
2007072216	277.33	277.77	0.16	0.12	0	0.85

表 2.4　黄泥庄站次洪模型验证期模拟结果及精度统计表

洪　号	实测洪峰 （m³/s）	预报洪峰 （m³/s）	洪峰相对误差 （%）	洪量相对误差 （%）	峰现滞时 （h）	确定性系数
1983072120	2 390	2 343.91	−1.93	7.63	3	0.70
1986061100	512	511.28	−0.14	0.20	−1	0.80
1993091708	614	616.90	0.47	−4.37	3	0.91
1996050220	368	301.25	−18.14	10.43	1	0.70
2005070908	586.5	589.47	0.51	−0.04	0	0.92
2009062912	1 118.57	1 117.52	−0.09	0.19	3	0.87

从表2.3中可见,率定场次中除了2000060200这一场洪水的确定性系数低于0.7,其余场次均有较高的确定性系数;率定期的所有场次的洪量相对误差均在20%以内,均达到合格;峰现滞时除1989050808场次是3 h,其余场次均控制在2 h以内;洪峰相对误差除1990042900场次和1995051808场次在5%以外,其余场次均控制在5%以内。

从表2.4中可见,验证场次中除1983072120场次和1996050220场次的确定性系数较低之外,其余四场验证场次的确定性系数均在0.8以上;洪量相对误差均控制在20%以内,达到合格;洪峰相对误差除了1983072120场次和196050220场次较大,其余四场均控制在5%以内;峰现滞时均控制在3 h以内。

分析产生原因可能是因为上述几场未达标的洪水实测值有较多空缺值,故只可利用原始数据进行插值获得连续的实测洪水值,这些数据在新安江模型中得不到很好的拟合;且由于新安江模型调参过程需要兼顾多场洪水,不能兼顾每场洪水的每个评价指标均达到合格。

以上均是将每一时刻的降雨输入作为单一的确定性数值,且仅使用一套参数值做出的确定性模型洪水预报结果。但是作为模型输入的降雨值是雨量站的观测数据,往往不能反映流域内降雨的时空特征;且参数率定过程中会出现异参同效的现象使得参数的取值具有较大的不确定性。因此,下文将通过降雨不确定性和模型参数不确定性这两方面对确定性模型预报结果进行再加工,从而获得黄泥庄站的洪水概率预报。

3 考虑降雨不确定性的洪水概率预报方法

洪水的发生与发展取决于气象因素和地理因素，是一个相当复杂的动态过程[57]。实时洪水预报中往往采用预测的降水作为输入，降水不确定性是模型输入不确定性的主要来源[58]。所以如何考虑降雨的不确定性对于作概率洪水预报有很重要的意义。同时，为避免预报模型计算的复杂性，提出能描述降雨不确定性的简明的分布函数，是需要重点研究的问题。本书拟采用基于抽站法的理论方法构造降雨量的概率分布。

3.1 抽站法

3.1.1 抽站法简介

抽站法是我国雨量站规划应用的主要方法，即利用雨量站网稠密地区的全部雨量资料计算面平均雨量的近似真值，然后按分布均匀的抽站原则抽去一部分雨量站，再计算面平均雨量及其误差，寻求误差与布站密度、统计时段和地形因素的关系，探讨满足精度要求的布站数量。1981—1994 年，原水电部水文司等单位在江西省开展了梅雨区雨量站网密度实验研究,确认抽站法是一种稳定、合理的分析方法,简明直观,理论依据较强。此方法已列入了《水文站网规划技术导则》。

本节将对基于抽站法理论构造降雨不确定性分布进行方法阐述。下面介绍抽站法的具体步骤。假设研究流域内有 N_1 处具有同步观测资料的雨量站,首先根据逐时雨量资料,计算 N_1 个站的 1 h、3 h、6 h、12 h、24 h 共 5 个时段的面平均雨量,将其作为该计算单元响应时段面平均雨量的"真值"。然后按照下列步骤进行:

(1) 确定一个降雨时段,如取 $\Delta t = 24$ h,根据同步观测资料有 m_1 个样本数;确定一个抽站数目 N_2,从 N_1 个站中抽取分布均匀的 N_2 个站,求出 Δt 时段的面平均降雨量 $\overline{P}_{N_2,i}$,再基于由 N_1 个站计算出来的"真值" $\overline{P}_{N_1}$ 求误差 $\varepsilon_{N_2,i}$。注意,此时的 $\varepsilon_{N_2,i}$ 是由 m_1 个数组成的样本数组。

(2) 选定不同误差标准,例如分别选取 5%、10% 和 15%,计算出在不同误差标准下的面平均降雨误差的合格保证率。

(3) 再次从 N_1 个站中抽取第 $i(i = 1, 2, \cdots, n)$ 组 N_2 个站,按照步骤(1)和(2),计算各第 i 组的基于不同面平均降雨误差标准的合格保证率。

(4) 针对不同误差标准(5%、10% 和 15%),分别算出 n 组抽站对应的平均合格保证率。

(5) 按照步骤(1)~(4),分别求出不同时段、不同抽站数目在不同误差标准下的面平均降雨的平均合格保证率。

根据以上抽站法的主要步骤,可作出研究流域在 1 h、3 h、6 h、12 h、24 h 共 5 个时段不同误差标准(5%、10%、15%)下得到的平均保证率结果图(图 3.1 为 $\Delta t = 24$ h 不同允许误差下的保证率图例)。相应于平均保证率为 90%

的站数 N,即为研究流域的合理布站数。可利用插值法得到对应于平均保证率为 90％的站数 N。

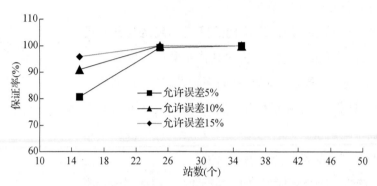

图 3.1　24 h 不同允许误差下保证率

3.1.2　抽站法经验公式

在同一地区、同一雨型及同一气象条件下,各块面积所需要站数目还与下垫面的因子有关。1981 年,在江西建立了中国梅雨雨量站网密度实验区,实验区选在江西省境内最大暴雨区之一的怀玉山南侧,暴雨量及暴雨频次都较多。实验区范围是以乐安河支流泊水流域为主体,向南向北扩展面积为 1 280 km²。实验区建成 209 个雨量站。最大的 200 km² 的区域按每站 4 km 布设,1983—1988 年收集了大量的野外试验数据,得出江西省雨量站网密度公式计算所需配套雨量站数公式[59-60]为:

$$N=0.137F^{0.257} \cdot H^{0.133} \cdot T^{-0.169} \cdot E^{-0.858} \quad (3.1)$$

式中:N——所需站数(站);

　　　F——流域面积(km²);

　　　H——流域平均高程(m);

　　　T——降雨时段长(h);

　　　E——保证率 90％的面平均雨量允许误差,

取 $10\%\sim15\%$。

式(3.1)经江西省其他流域和浙江、湖南、福建、湖北等流域的雨量资料和流量资料进行验证,都得到了满意的结果。因此,该公式写入了《水文站网规划技术导则实用方法》,作为对中小河流水文站$(F\leqslant2\ 000\ \text{km}^2)$分析计算雨量站网密度的经验公式。

3.2　降雨真值概率分布

3.2.1　降雨真值概率分布公式推算

现假设面平均雨量计算值与实际真值之间的误差服从正态分布：

$$\varepsilon(t) = \frac{\overline{P}(t) - \overline{P}_0(t)}{\overline{P}_0(t)} \sim N(0, \sigma^2) \qquad (3.2)$$

式中：$\overline{P}(t)$——根据已有流域的实际站网密度条件下计算得到的面平均雨量；

$\qquad$ $\overline{P}_0(t)$——流域面平均雨量的真值。

令 $u = \dfrac{\varepsilon - 0}{\sigma}$，$Q(u)$ 为 u 的标准化正态分布函数，则当 ε 取在保证率为 90% 下的允许误差时，超过制概率 $Q(u) = 0.05$，满足置信区间为 90%。经查标准化正态分布函数表可知，$u = 1.64$，则

$$\sigma = \frac{E}{1.64} \qquad (3.3)$$

式中：E 为由式（3.1）反算出的在保证率为 90% 下的允许误差。至此，就可确定出面平均雨量误差的分布。

由式（3.2）可知，对于给定条件下的 $\overline{P}(t)$，$\varepsilon(t)$ 与 $\overline{P}_0(t)$ 是一一对应的函数关系。所以可通过给定概率值下的 $\varepsilon(t)$ 来计算相同概率值下的 $\overline{P}_0(t)$，其满足的概率分布为：

$$\frac{\overline{P}(t)}{\overline{P}_0(t)} = \varepsilon(t) + 1 \sim N(1, \sigma^2) \qquad (3.4)$$

那么给定不同面平均雨量的计算值 $\overline{P}(t)$ 即可求出不同概率条件下的降雨真值 $\overline{P}_0(t)$，从而得到面平均雨量真值 $\overline{P}_0(t)$ 的概率分布。

3.2.2　降雨真值概率分布应用研究

本书选取的黄泥庄流域气候湿润，面积较小，故可按照上述步骤使用抽站法经验公式进行降雨不确定性的定量分析。

由式(3.1)可得到保证率为 90% 的误差 E 的反演计算公式：

$$E=\left(\frac{0.137F^{0.257} \cdot H^{0.133} \cdot T^{-0.169}}{N}\right)^{\left(\frac{1}{0.858}\right)} \quad (3.5)$$

黄泥庄流域面积为 805 km²；流域高程为 $H=479$ m；流域内雨量站个数 $N=12$ 个；本次研究计算步长为 $T=1$ h。由此可得到黄泥庄流域在现有站网规划条件下面平均雨量真值与面平均雨量计算值的相对误差在保证率为 90% 下的取值为：

$$E=\left(\frac{0.137\times805^{0.257}\times479^{0.133}\times1^{-0.169}}{12}\right)^{\left(\frac{1}{0.858}\right)}\approx0.105\ 2$$

再根据式(3.3)可得到此相对误差概率分布的方差为：

$$\sigma^2=\left(\frac{0.105\ 2}{1.64}\right)^2\approx0.004\ 113$$

由式(3.4)可知面平均雨量计算值与真值之比符合下列分布：

$$\frac{\overline{P}(t)}{\overline{P}_0(t)} \sim N(1, 0.004\ 113)$$

依据此分布,在不同面平均雨量计算值的条件下,其对应的面平均雨量真值概率分布即可得到。图 3.2 和图 3.3 分别表示面平均雨量计算值为 5 mm 的情况下真值的分布函数图和概率密度函数图。

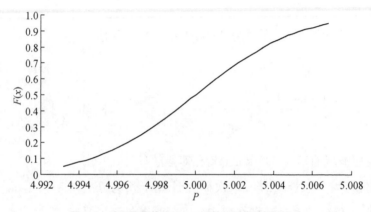

图 3.2 降雨预报值为 5 mm 时的降雨真值概率分布

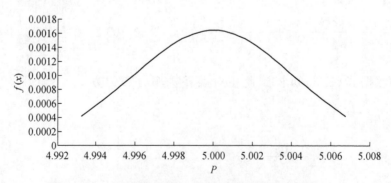

图 3.3 降雨预报值为 5 mm 时的降雨真值概率密度图

3.3 降雨不确定性定量分析

对于每一个降雨时段，都可以作出其面平均雨量真值的概率分布，下面简述如何根据其降雨的概率分布作出洪水概率预报。

（1）对于洪水预报预见期内的每个时段的降雨，均随机抽取一个值代表此时段的面平均雨量真值。

（2）产生一组随机的预见期内的降雨将其代入确定性水文模型计算得到一组流量数据。同样，按照上述随机抽样方法，抽若干次，例如 10 000 次，便可得到 10 000 组流量数据。

（3）将每一时刻 10 000 个流量值进行排序，即可得到均值预报及不同置信区间下的概率预报。

本书依旧选用之前确定性预报中所使用的共 18 场洪水，按照以上步骤将降雨不确定性与新安江模型耦合，从而得到考虑降雨不确定性的洪水概率预报。验证期洪水过程线如图 3.4～图 3.9 所示。预报结果如表 3.1、表 3.2 所示。

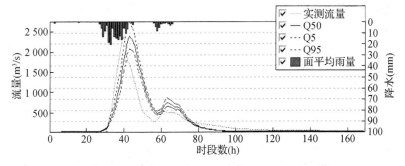

图 3.4 "1983072120"场次实测、均值、90%置信区间洪水过程线（考虑降水不确定性）

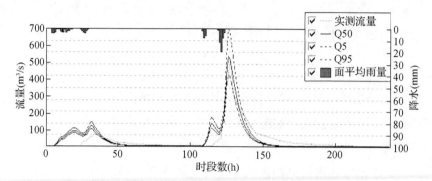

图 3.5 "1986061100"场次实测、均值、90％置信区间洪水过程线（考虑降水不确定性）

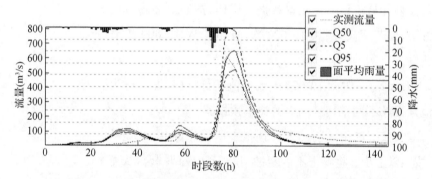

图 3.6 "1993091708"场次实测、均值、90％置信区间洪水过程线（考虑降水不确定性）

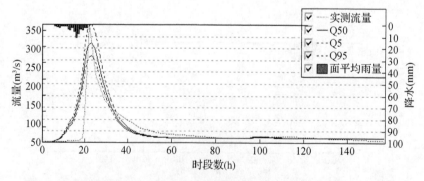

图 3.7 "1996050220"场次实测、均值、90％置信区间洪水过程线（考虑降水不确定性）

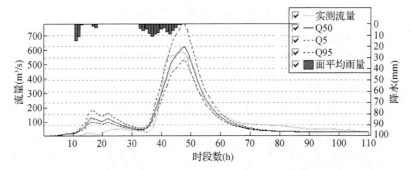

图 3.8　"2005070908"场次实测、均值、90％置信区间洪水过程线（考虑降水不确定性）

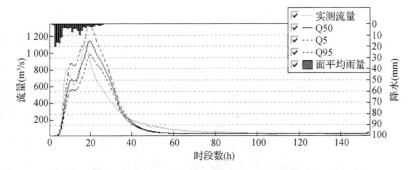

图 3.9　"2009062912"场次实测、均值、90％置信区间洪水过程线（考虑降水不确定性）

表 3.1　考虑降雨不确定性的率定期洪水概率预报结果

洪　号	实测洪峰 （m³/s）	均值预报洪峰 （m³/s）	相对误差 （％）	90％置信区间 （m³/s）	峰现滞时 （h）	确定性系数
1980061000	342	345.27	0.96	[286.6,436.0]	0	0.92
1984080814	718	760.80	5.96	[609.6,953.4]	1	0.72
1987043000	651	681.28	4.65	[547.7,853.2]	2	0.83
1989050808	459.6	476.13	3.60	[406.0,577.7]	3	0.73
1990042900	309	290.16	−6.10	[232.3,366.7]	0	0.74
1995051808	631	602.95	−4.45	[484.3,763.8]	2	0.66
1997071314	297.28	298.87	0.53	[260.7,344.7]	1	0.81
1999082500	101.4	104.43	2.99	[95.1,116.2]	−2	0.73
2000060200	246	255.25	3.76	[205.7,314.3]	−2	0.67
2003050300	168	185.59	0.43	[491.3,908.3]	0	0.81
2006072207	384	389.04	1.31	[312.6,492.6]	0	0.79
2007072216	277.33	283.39	2.18	[247.2,334.3]	0	0.86

表 3.2　考虑降雨不确定性的验证期洪水概率预报结果

洪　号	实测洪峰 (m³/s)	均值预报洪峰 (m³/s)	相对误差 (%)	90%置信区间 (m³/s)	峰现滞时 (h)	确定性系数
1983072120	2390	2397.48	0.31	[2085.1, 2755.8]	3	0.69
1986061100	512	539.57	5.39	[429.6, 702.2]	−1	0.79
1993091708	614	653.01	6.35	[523.8, 793.0]	3	0.90
1996050220	368	311.32	−15.40	[271.5, 369.2]	1	0.68
2005070908	586.5	620.25	5.75	[523.1, 774.7]	1	0.92
2009062912	1 118.6	1150.64	2.87	[984.4, 1349.9]	3	0.85

　　将表 3.1、表 3.2 与表 2.3、表 2.4 对比可以看出：率定场次和验证场次的确定性系数基本没有明显变化，峰现滞时完全保持一致。洪峰 90%置信区间上限和下限在实测洪峰值的 10%～30%范围内浮动，说明考虑降雨不确定性对于洪水预报结果有着显著的影响，但洪水过程线形状与确定性水文预报结果基本保持一致。观察洪峰误差的变化可以发现，当初始新安江模型计算的洪峰误差低于 1%，经过降水不确定性分析的均值预报洪峰误差则会高于原计算误差；但若原洪峰计算误差高于 1%，则均值预报洪峰误差会低于原计算洪峰误差。原因是考虑降水不确定性的预报结果是对每个时刻的降雨值进行多次抽值计算得到，由于每次抽样结果不一样，故对于每一场洪水的每一个时刻容易得到浮动较大的结果，综合一场洪水的所有时刻，对于实测值与新安江预报值相差甚小的时刻，往往由于降水随机抽样的不确定性得到的均值预报洪峰值反而会有更大的误差；相反，若实测值与新安江预报值相差较大，经过考虑降水不确定性的计算，会得到误差较小的均值预报洪峰，且从产生机理来说，由于考虑了降雨本身预报的不确定性，因此对洪峰值的预报也会产生影响。

4 考虑模型参数不确定性的洪水概率预报方法

由于存在除了降水预报不确定性以外,还有其他一些误差来源如模型结构误差、历史水文资料误差等,导致了即使采用最全面最有效的全局优化算法进行水文模型参数的优选,每次搜索到的最优参数组合也不尽相同,个别参数有时差异还特别大,但是这些参数组合却能使得水文模型的目标函数如确定性系数达到同样的数值水平,这种现象就叫做异参同效[10-12]。由于在实际的洪水预报中仅采用一套参数组合,异参同效现象无疑让选取最优模型参数存在很大的不确定性,并且继而引起模型输出的不确定性。因此通过寻找一种途径去量化这样的模型参数不确定性对于进一步提高水文预报精度也同样有着重要的意义。

4.1 基于贝叶斯理论的模型参数后验分布

贝叶斯学派认为任何未知的参数 θ 都可以看做是一个随机变量,并可以用概率分布来描述任一变量的不确定性。贝叶斯推断的核心问题是先验分布的选择和后验分布的计算。先验分布,即总体分布参数 θ 的一个概率分布。贝叶斯学派从根本上来说,是认为在关于任何总体分

布参数 θ 的统计推断问题中,除了需要使用样本所提供的信息外,还必须指定一个先验分布,它是在进行参数统计推断时不可缺少的一个要素。后验分布则是在样本已知的条件下,根据样本的分布和所考虑参数的先验分布,用概率统计中求条件概率分布的方法,求出所考虑参数的条件分布[61]。由于这个分布是在采样以后才得到的,故称为后验分布。贝叶斯推断法的关键是任何推断都只需要相应的后验分布,而不再涉及样本分布。贝叶斯推理与经典估计方法相比,能更充分地利用样本信息和参数的先验信息,在进行参数估计时,常常是由贝叶斯理论得到的估计量具有更小的平方误差或方差,能得到更精确的预测结果。

基于贝叶斯理论可获得模型参数的后验分布,从而可以对其不确定性进行定量分析。传统的贝叶斯公式为:

$$p(\theta/x) = \frac{f(x/\theta)g(\theta)}{\int f(x/\theta)g(\theta)\mathrm{d}\theta} \tag{4.1}$$

式中:θ 和 x——分别代表随机变量和与其相关的统计
　　　　数据;

　　　$p(\theta/x)$——后验概率密度函数;

　　　$f(x/\theta)$——似然函数;

　　　$g(\theta)$——后验分布。

对于水文模型来说,θ 即为模型的敏感参数,x 是模型的输出变量,即流量 Q;并且将要进行水文模型预报所需要的其他要素,例如实测降雨、流量等资料记为 w。则公式(4.1)改写为:

$$p(\theta/Q,w) = \frac{f(Q/\theta,w)g(\theta/w)}{\int f(Q/\theta,w)g(\theta)\mathrm{d}\theta} \propto f(Q/\theta,w)g(\theta)$$

$$\tag{4.2}$$

似然函数 $f(Q/\theta, w)$ 的估计有多种方法,本研究取如下形式:

$$f(Q/\theta, w) = \Big(\prod_{j=1}^{N} \sigma_j^2 \Big)^{-1}, \ \sigma_j^2 = \frac{1}{m} \sum_{k=1}^{m} (Q_{\mathrm{cal},k} - Q_{\mathrm{obs},k})^2$$

$$(4.3)$$

式中:$Q_{\mathrm{cal},j}$、$Q_{\mathrm{obs},j}$——分别为计算和实测的流量值;

σ_{dk}^2——第 k 场洪水误差的方差;

m——第 i 场洪水的总时段数;

N——次洪个数。

公式(4.2)虽然形式简单,但是它的解不容易获得,而马尔可夫链蒙特卡罗方法(MCMC)即是为获得变量后验分布而发展起来的一种行之有效的计算方法,它的运用对推广贝叶斯推断理论方法的应用开辟了广阔的前景,使得传统的贝叶斯估计方法再度得到了复兴。流域水文模型的参数非线性和相关性特征导致了参数分布可能存在多个局部最优解和不连续可导点,采用传统的贝叶斯算法推求其显性联合概率分布十分困难,而 MCMC 法较传统的统计方法(如矩估计法、极大似然估计法等)就能更好地处理非线性复杂问题的求解。很显然,MCMC 方法非常适用于对流域水文模型参数后验分布的推算。

4.2　MCMC 抽样

4.2.1　马尔科夫链原理

马尔可夫链是指在数学中那些具有马尔可夫性质的关于离散时间的随机过程。令 θ_t 表示随机变量 θ 在 t 时刻、状态空间 Θ 上的取值,若 θ 在 Θ 内不同取值之间的转移概率(推荐分布)仅仅依赖于 θ 的当前状态,而与 θ 的过去状态无关,则称随机序列 $\{\theta_t, t \geqslant 0\}$ 为马尔可夫链。

令 $\{\theta^{(t)}\}_{t \geqslant 0}$ 是 Θ 上的齐次马尔科夫链,即 $P(\cdot, \cdot)$ 与 t 无关,且转移概率函数为:

$$P(\theta \rightarrow \Theta) = \int_{\Theta} P(\theta, \theta^*) \mathrm{d}\theta^* \tag{4.4}$$

则称 $P(\theta, \theta^*)$ 是该马尔科夫链的转移核,即推荐分布。而对于某分布 $\pi(\theta)$,满足:

$$\int_{\Theta} P(\theta, \theta^*) \pi(\theta) \mathrm{d}\theta = \pi(\theta^*) \tag{4.5}$$

式中:$\forall \theta^* \in \Theta, \pi(\theta)$ 是转移核 $P(\theta, \theta^*)$ 的平稳分布。当某个 $\theta_t \sim \pi(\theta)$,则 $\theta_j \sim \pi(\theta), j = t+1, \cdots$,从理论上讲,不管 θ_0 选择何种分布,只要经过足够长的时间的搜索,θ_t 的边缘分布就能达到平稳分布 $\pi(\theta)$,也就是说,此时马尔科夫链收敛。而在马尔科夫链收敛之前的 m 次迭代中,各状态的边缘分布还不可认为就是平稳分布 $\pi(\theta)$,因此在估计某个函数 $h(\theta)$ 时应该将前 m 个迭代值去除,即

$$\hat{h}(\theta) \approx \frac{1}{n-m} \sum_{t=m+1}^{n} h(\theta^{(t)}) \tag{4.6}$$

式(4.6)也称为遍历平均。

4.2.2　常用MCMC抽样方法简介

MCMC方法是基于贝叶斯理论的框架下,通过建立平稳分布为$\pi(\theta)$的马尔科夫链,并对其平稳分布进行采样,通过不断地更新样本信息从而使得马尔科夫链能够充分搜索整个模型参数空间,并最终收敛至高概率密度区,因而MCMC方法是一种近似的对理想的贝叶斯推断过程。MCMC方法的关键是如何构造有效的推荐分布,以确保依据推荐分布抽取的样本收敛至高概率密度区。

所有蒙特卡罗方法其中一个基本步骤就是生成服从某个概率分布函数的伪随机样本。但是蒙特卡罗方法往往对于随机序列的模拟要求计算量很大,面临着计算复杂性的问题。人们对于感兴趣的变量x通常在R^k中取值,但有时候也会在一个拓扑空间上取值。大多数应用中,在一个人们感兴趣的分布中生成独立样本是不可行的。在通常情况下,产生的样本要么是相关的,要么就是异于所要求的分布,或者两者同时发生。马尔科夫概念最初是由俄罗斯数学家Markov于1907年提出,直至20世纪90年代,研究人员才将马尔科夫链蒙特卡罗方法(MCMC)引入到参数不确定性研究中,用其待估参数后验分布的采样;并为充分利用待估参数的先验信息从而采用贝叶斯统计方法,使得收敛的速度明显提高。经过几代人相继地完善,已大大地减少了计算量,使得随机模拟在很多领域(物理、生物、气象、天文、计算机、化学、地理、通信等)的计算中显示出明显的优越性。马尔科夫链有其严格的数学定义,它的直观含义可理解为:在随机系统中下一个要达到的状态仅依赖于目前所处的状态,而与之前的状态无关。

米特罗波利斯-哈斯汀算法(Metropolis-Hastings,简记作 M-H)是 MCMC 算法的基本框架,是一种从某一分布为平稳分布的马尔科夫链中产生样本,然后使得所得的样本序列的概率分布收敛于目标后验分布函数的方法。因而, MCMC 基本上是一种通过扩大马尔科夫链来获得相关样本的混合型蒙特卡罗方法。下面简单介绍常用的 MCMC 抽样方法。

1) Gibbs 抽样

Gibbs 抽样方法是由 Geman[62] 于 1984 年提出来的, 最初用于图像处理分析、神经网络和人工智能等大型且复杂数据的分析,后经 Gelfand 和 Smith[63] 于 1990 年引入贝叶斯模型研究中,通过模拟进行积分运算,这给贝叶斯方法的实际应用产生了很深远的影响。Gibbs 抽样的成功在于它能利用满条件分布(full conditional distribution)将关于多个相关参数的复杂问题降低成每次只需要处理一个参数的更为简单的问题。由于非常容易实现,在许多 MC-MC 的统计应用中使用 Gibbs 抽样。Gelfand 和 Smith 进行了总结并提供了一种贝叶斯计算方法,即:将我们感兴趣的未知参数 θ 的概率密度表示为 $P(\theta) = F(\theta)$,其中 $F(\theta)$ 是 θ 的累积分布函数(CDF),联合密度、条件密度及边缘密度函数分别写作 $P(\theta, \eta)$、$P(\theta/\eta)$ 和 $P(\eta)$。

2) Metropolis 算法

米特罗波利斯算法(即 Metropolis 算法)是由 Metropolis[64] 于 1953 年提出的一个想法,其通过展开马尔科夫链来实现从分 π 采样。Metropolis 算法是由下列两个步骤迭代形成的:令 $\pi(\theta) = c\exp\{-h(\theta)\}$ 是人们感兴趣的目标概率分布函数。

（1）对当前的状态施加一个随机扰动，即 $\theta^{(t)} \rightarrow \theta'$，这里的 θ' 可以看成是出自一个对称型概率转移函数 $T(\theta^{(t)}, \theta')$，即 $T(\theta^{(t)}, \theta') = T(\theta', \theta^{(t)})$；计算改变量：

$$\Delta h = h(\theta') - h(\theta^{(t)})$$

（2）产生一个随机均匀分布数 $u \sim U[0, 1]$。若 $u \leqslant \exp(\Delta h)$，则令 $\theta^{(t+1)} = \theta'$；否则 $\theta^{(t+1)} = \theta^{(t)}$。

Metropolis 算法已在过去 50 年中被广泛应用于统计物理，它是被统计学术界采用和进一步发展的所有 MCMC 抽样方法的基石。

3）MetroPolis-Hastings 算法

上文已简单介绍了由 Metropolis 提出的一种转移核（transition kernel）的方法，随后 Hasting[65] 对其加以推广，形成了 Metropolis-Hastings 方法。一些文献研究了 Gibbs 与 Metropolis 采样方法相结合的问题，例如在 Gibbs 采样中利用 Metropolis 法抽取随机数，Best、Gilks 和 Tan[66] 于 1995 年提出了基于 Gibbs 采样的一种自适应舍选 Metropolis 采样方法（Adaptive Rejection Metropolis Sampling，ARMS），这种采样方法在贝叶斯分析中有很大的应用价值。Metropolis-Hastings 算法的关键是如何确定参数的推荐分布并进行参数相关性的处理。对于复杂的模型来说，参数只有较少的先验信息，且算法推荐分布的选择也存在较大的不确定性，参数的最大后验概率密度函数的推求也就非常困难，造成算法收敛速度缓慢。下面简单介绍 MetroPolis-Hastings 算法的步骤如下：

（1）任意给定初始点 $\theta^{(t)}$，且满足 $h(\theta^{(t)}) > 0$；

（2）根据推荐分布 $Z(\theta / \theta^{(t)})$ 产生候选样本 $\theta^{(t+1)}$；

（3）计算接受率 α，公式如下：

$$\alpha(\theta^{(t)}、\theta^{(t+1)}) = \frac{p(\theta^{(t+1)})}{p(\theta^{(t)})} \tag{4.7}$$

（4）Z 是根据均匀分布 $u \sim U[0,1]$ 产生的随机数。如果 $Z \leqslant \alpha$，接受新样本 $\theta^{(t+1)}$；反之，当 $Z > \alpha$，令 $\theta^{(t+1)} = \theta^{(t)}$，并返回步骤（2）。

上述步骤中：θ 代表模型参数；t 代表抽样次数；$h(\cdot)$ 代表目标函数，在本书表示新安江水文模型的计算过程；$Z(\theta/\theta^{(t)})$ 即代表模型参数的先验分布。

4）自适应 MetroPolis 算法（AM 算法）

为了解决 Metropolis-Hastings 算法存在的搜索速度慢的问题，Haario[67]等人（2001）提出了一种自适应的 Metropolis 算法。相比传统的 Metropolis-Hastings 算法，自适应 MetroPolis 算法不用事先确定参数的推荐分布，而是由后验参数的协方差矩阵来估算。后验参数的协方差矩阵能够自适应地调整于每一次迭代过程后。第 i 步参数的推荐分布假设定义为均值 θ_i 及协方差 C_i 的多元正态分布形式。协方差矩阵的计算公式如式（4.8）所示。

$$C_i = \begin{cases} C_0 & i \leqslant i_0 \\ s_d \mathrm{Cov}(\theta_0, \cdots, \theta_{i-1}) + s_d \varepsilon I_d & i > i_0 \end{cases} \tag{4.8}$$

式中：C_0——初始协方差，在初始采样次数 $i \leqslant i_0$ 时，为了消除算法初始阶段的采样不稳定影响，协方差 C_i 取固定值 C_0；

　　　ε——一个较小的常数，以确保 C_i 不成为奇异矩阵；

　　　s_d——比例因子，其依赖于参数的空间维度 d，经常取 $s_d = (2.4)^2/d$；

　　　I_d——d 维单位矩阵。

第 $i+1$ 次迭代时，协方差计算公式可由式（4.8）推得：

$$C_{i+1}=\frac{i-1}{i}C_i+\frac{s_d}{i}(i\bar{\theta}_{i-1}\bar{\theta}_{i-1}^{\mathrm{T}}-(i+1)\bar{\theta}_i\bar{\theta}_i^{\mathrm{T}}+\theta_i\theta_i^{\mathrm{T}}+\varepsilon I_d)$$

$$(4.9)$$

式中：θ_{i-1} 和 θ_i——分别表示前 $i-1$ 次和前 i 次迭代参数
的均值。

AM 算法的计算步骤如下：

(1) 设置初始化迭代次数 i_0；

(2) 利用公式(4.9)计算 C_i；

(3) 产生推荐参数值 $\theta\sim N(\theta_i,C_i)$；

(4) 根据式(4.10)计算接受概率 α；

(5) 产生随机数 $u\sim U[0,1]$；

(6) 若 $u\leqslant\alpha$ 则接受 $\theta_{i+1}=\theta^*$，否则 $\theta_{i+1}=\theta_i$；

(7) 重复(2)～(6)步骤，直到产生足够的样本为止。

$$\alpha=\min\left\{1,\frac{P(y/\theta^*)P(\theta^*)}{P(y/\theta_i)P(\theta_i)}\right\} \qquad (4.10)$$

理论上来说，一个各向同性的采样器在 $t\to\infty$ 时一定收敛，然而在实际应用中人们总是希望找到最小 t 值。为了实现此目标，本书现采用 Gelman 于 1992 年提出来的收敛诊断指标 $\sqrt{R}$（比例缩小得分），以解决多序列是否收敛，其计算公式如下：

$$\sqrt{R}=\sqrt{\frac{g-1}{g}+\frac{q+1}{q\cdot g}\frac{B}{W}} \qquad (4.11)$$

式中：g——每一个参数采样序列的迭代次数；

$\quad q$——用于评价的序列数；

$\quad B/g$——q 个序列的平均值的方差；

$\quad W$——q 个序列的方差的平均值。

根据上式计算每个参数的比例缩小得分 $\sqrt{R}$，如果接近于 1 即表示参数收敛到了后验分布上。

4.3　模型参数不确定性定量分析

本书中对新安江模型中的表层自由水蓄水容量 SM 和河网消退系数(CS)这两个参数进行参数不确定性分析。其中公式(4.2)的先验分布均取均匀分布。似然度函数取如下计算式：

$$f(Q/\theta,w) = \left(\prod_{j=1}^{N}\sigma_j^2\right)^{-1}, \sigma_j^2 = \frac{1}{m}\sum_{k=1}^{m}(Q_{\mathrm{cal},k} - Q_{\mathrm{obs},k})^2$$

$$(4.12)$$

式中：$Q_{\mathrm{obs},k}$——第 k 时刻的实测流量值；

$\quad\quad Q_{\mathrm{cal},k}$——第 k 时刻的计算流量值；

$\quad\quad m$——流量过程的总时段数；

$\quad\quad N$——洪水场次。

AM 算法的配置为：参数 SM 的取值范围为$[20,50]$，初值取值设为 25；参数 CS 的取值范围为$[0.02,0.03]$，初始取值设为 0.025；参数初始协方差矩阵 C_0 为对角矩阵，方差取参数取值范围的 1/20。即 SM 参数的初始协方差矩阵是以 0.45 为协方差的对角矩阵，而 CS 的初始协方差矩阵则是以 0.000 5 为协方差的对角矩阵；初始迭代次数 $i_0=100$。算法平均运行 5 次，每次采样 2 000 个样本。初始化阶段次数设为 500，以消除抽样初期的不稳定性。

图 4.1、图 4.2 分别为参数 SM 和 CS 单一序列采样值的分布；图 4.3 和图 4.4 分别表示参数 SM 单一采样序列的平均值和方差的变化过程；图 4.5 和图 4.6 分别为参数 CS 单一采样序列的平均值和方差的变化过程。

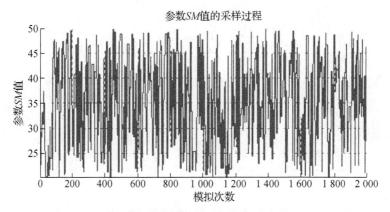

图 4.1　参数 SM 单一序列采样值分布

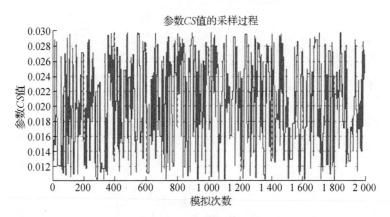

图 4.2　参数 CS 单一序列采样值分布

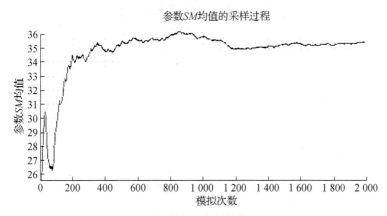

图 4.3　参数 SM 单一序列均值采样过程

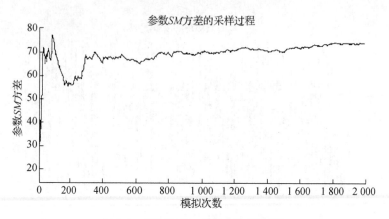

图 4.4　参数 SM 单一序列方差采样过程

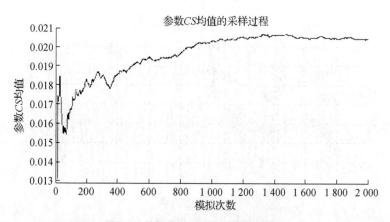

图 4.5　参数 CS 单一序列均值采样过程

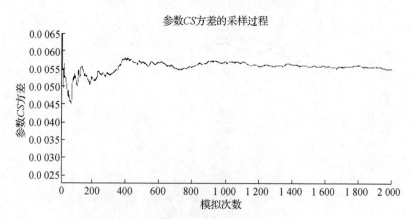

图 4.6　参数 CS 单一序列方差采样过程

　　由图4.1和图4.2可知,在抽样过程中参数 SM 和 CS 取值遍布设定的取值范围,说明抽样次数充分;由图 4.3 至图 4.6可以看出,当抽样次数 $i > 500$ 后,参数 SM 和 CS 的平均值和方差基本达到稳定,因此可以判定单一序列是收敛的;且由此可以判断,将初始化阶段次数设为 500 可以充分保证参数后验分布的稳定性。

　　利用公式(4.11)计算的收敛指标判断 $\sqrt{R}$ 演化过程如图 4.7 所示。

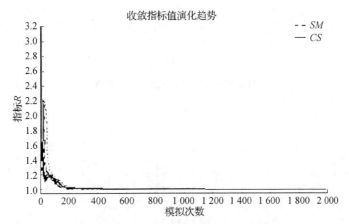

图 4.7　参数 SM 和参数 CS 的收敛指标演化趋势

　　由图4.7可知,在迭代初期($i < 200$),$\sqrt{R}$ 趋于稳定,并接近于 1.0,说明参数 SM 和 CS 的 MCMC 采样序列均能稳定收敛到其参数的后验分布,且算法全局收敛。综合考虑上述单序列和多序列参数的收敛情况,将每一个序列的前 500 次舍去,这样 5 次平行试验共采集了 7 500 个样本用于参数后验分布的统计分析。

　　图4.8和图4.9分别为参数 SM 和参数 CS 的后验分布直方图。经过对比分析,发现由参数 SM 的后验分布直方图读取的最大似然取值,其因取值分组数的不同而会有较大差别,因此本书中在作出参数后验分布直方图的过程

中考虑参数 *SM* 的原始新安江率定值,从而将直方图的分组数设为 50。

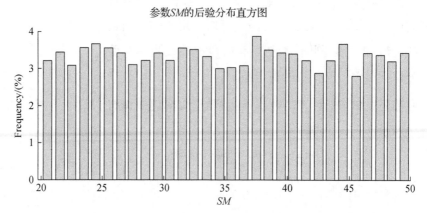

图 4.8　参数 *SM* 的后验分布直方图

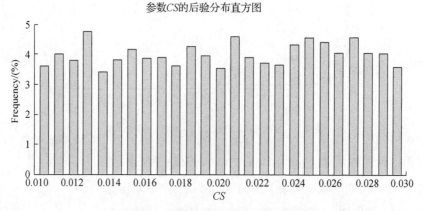

图 4.9　参数 *CS* 的后验分布直方图

　　由图 4.8 和图 4.9 可以发现,经过 MCMC 抽样的参数 *SM* 和 *CS* 的后验分布直方图可以较清楚地呈现某一取值被抽样的概率,从而可以读取最常取值,即这里所说的参数最大似然取值。由于抽样次数有限,因此参数的后验分布直方图的形状并未明显地能够显示服从哪一个分布。但又由于参数的收敛指标值最终均满足收敛准则,因此能

够判断从此图中读取的最大似然值是参数经过多次抽样
达到稳定后验分布的众数。表 4.1 即为参数 SM 和参数
CS 经过 MCMC 抽样最终确定的最大似然值。

表 4.1　参数最大似然值取值

参数名称	最大似然值
表层自由水蓄水容量(SM)	37.62
河网蓄水消退系数(CS)	0.012 8

为了尽可能保留经过 MCMC 抽样后的参数取值的变
化,因此在程序运行过程中将 SM 和 CS 均设为单精度型,
且将此单精度型取值代入后续新安江模型计算过程中,从
而能够充分体现由于 MCMC 抽样引起的流量值的改变,
并能进一步使参数取值最终能收敛于尽可能满足全部洪
水场次预报结果评价指标(如确定性系数、洪峰误差、洪量
误差等)的较好取值。

本书将采用三套预报结果作为考虑模型参数不确定
性的参考:将经过 MCMC 抽样的 SM 和 CS 每一组取值分
别代入新安江模型计算,从而得到每个时刻的 7 500 个流
量计算结果。第一套结果是将每个时刻的 7 500 个流量计
算值进行排序,选择其排位在 50% 的预报值作为流量的期
望值预报,并且在此基础上分别取流量序列的 5% 处的流
量值和 95% 处的流量值作为置信区间为 90% 的概率预报
值;第二套结果则是按照之前筛选参数最大似然值的方
法,摘录出每个时刻的流量众数,即最常取值;第三套结果
则是将上文中得到的参数最大似然值直接代入新安江模
型中重新计算得到的流量预报值。

图 4.10~图 4.15 分别是 6 场验证场次考虑模型参数
不确定性后的流量过程线。

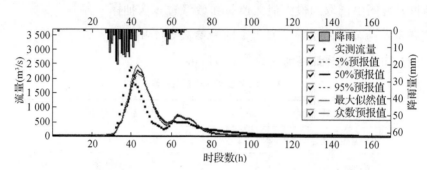

图 4.10 "1983072120"场次洪水实测值、50％预报值、90％置信区间预报值、
参数最大似然预报值及流量众数预报值

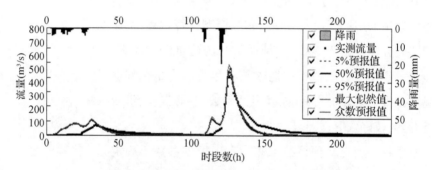

图 4.11 "1986061100"场次洪水实测值、50％预报值、90％置信区间预报值、
参数最大似然预报值及流量众数预报值

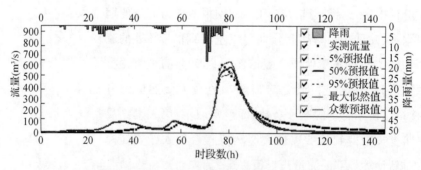

图 4.12 "1993091708"场次洪水实测值、50％预报值、90％置信区间预报值、
参数最大似然预报值及流量众数预报值

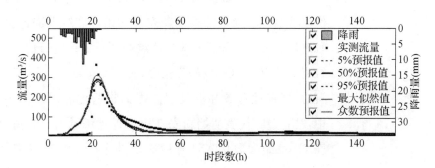

图 4.13 "1996050220"场次洪水实测值、50％预报值、90％置信区间预报值、

参数最大似然预报值及流量众数预报值

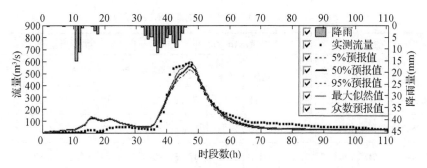

图 4.14 "2005070908"场次洪水实测值、50％预报值、90％置信区间预报值、

参数最大似然预报值及流量众数预报值

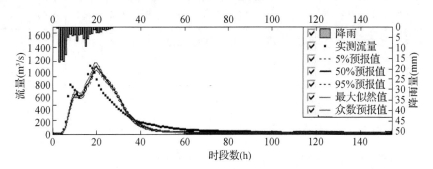

图 4.15 "2009062912"场次洪水实测值、50％预报值、90％置信区间预报值、

参数最大似然预报值及流量众数预报值

　　　　为了更加全面地比较不同预报结果,本书将从不同评价指标对三套预报结果及新安江初始计算结果进行比较和评价。表4.2和表4.3是从洪峰预报结果进行比较,并给出90%置信区间的概率预报;表4.4和表4.5是从洪峰滞时、确定性系数和洪量误差方面进行比较。以下各表中,"新安江"代表初始新安江模型计算流量值;"均值"代表7 500组参数代入计算后流量排序在50%的计算值;"最大似然"表示最大似然参数 *SM* 和 *CS* 代入模型的计算值;"流量众数"表示每个时刻得到7 500个流量值中的众数连成的流量过程。

表 4.2　考虑模型参数不确定性的率定期洪峰预报结果

洪号	实测洪峰 (m³/s)	预报洪峰(m³/s)					洪峰误差(%)			
		新安江	均值	最大似然	流量众数	90%置信区间	新安江	均值	最大似然	流量众数
1980061000	342.0	338.1	336.5	370.2	328.5	[316.9,372.2]	-1.13	-1.60	8.25	-3.96
1984080814	718.0	716.3	716.1	779.8	706.1	[674.6,781.2]	-0.23	-0.27	8.61	-1.65
1987043000	651.0	650.6	624.2	691.8	625.9	[577.5,692.9]	-0.06	-4.11	6.27	-3.86
1989050808	459.6	460.2	441.8	475.3	451.3	[415.4,476.1]	0.13	-3.87	3.41	-1.80
1990042900	309.0	285.2	280.4	323.6	275.9	[238.7,327.5]	-7.69	-9.24	4.73	-10.70
1995051808	631.0	574.0	541.4	596.7	540.5	[497.2,599.8]	-9.04	-14.21	-5.43	-14.35
1997071314	297.3	289.9	280.9	297.8	284.3	[267.9,297.9]	-2.49	-5.50	0.18	-4.36
1999082500	101.4	101.6	98.5	102.2	98.5	[95.8,102.2]	0.17	-2.88	0.75	-2.87
2000060200	246.0	245.6	239.3	259.6	234.5	[227.4,260.8]	-0.18	-2.72	5.54	-4.67
2003050300	635.0	181.5	588.6	657.5	611.3	[545.8,658.9]	-1.64	-7.30	3.54	-3.74
2006072207	384.0	377.9	380.4	419.5	371.1	[357.7,421.7]	-1.58	-0.95	9.24	-3.35
2007072216	277.3	277.8	272.5	293.0	267.3	[260.2,294.2]	-0.09	-1.95	4.23	-0.28

表 4.3 考虑模型参数不确定性的验证期洪峰预报结果

洪号	实测洪峰(m³/s)	预报洪峰(m³/s)					洪峰误差(%)			
		新安江	均值	最大似然	流量众数	90%置信区间	新安江	均值	最大似然	流量众数
1983072120	2 390.0	2 343.9	2 287.0	2 462.0	2 293.1	[2165.9,2466.0]	-1.93	-4.31	3.01	-4.06
1986061100	512.0	511.3	495.8	545.5	498.2	[464.0,546.6]	-0.14	-3.16	6.55	-2.69
1993091708	614.0	616.9	588.4	637.2	588.1	[542.4,640.7]	0.47	-4.17	3.79	-4.21
1996050220	368.0	301.2	293.8	313.4	291.1	[280.6,314.1]	-18.14	-20.17	-14.84	-20.91
2005070908	586.5	589.5	559.7	600.3	568.5	[527.5,601.2]	0.51	-4.56	2.36	-3.07
2009062912	1 118.6	1 117.5	1 096.7	1 165.9	1 115.5	[1042.5,1167.8]	-0.09	-1.95	4.23	-0.28

表 4.4 考虑模型参数不确定性的率定期洪水过程确定性系数、洪量误差及洪峰滞时预报结果

洪号	确定性系数				洪量误差(%)				洪峰滞时(h)			
	新安江	均值	最大似然	流量众数	新安江	均值	最大似然	流量众数	新安江	均值	最大似然	流量众数
1980061000	0.92	0.92	0.91	0.92	-1.28	-5.09	-3.73	-5.34	0	0	0	1
1984080814	0.77	0.76	0.69	0.78	5.59	5.32	7.89	4.10	1	1	1	1
1987043000	0.83	0.84	0.84	0.84	-0.42	-7.80	-5.60	-8.48	2	2	2	2
1989050808	0.75	0.76	0.72	0.76	-0.25	-8.14	-5.89	-8.01	3	3	3	3
1990042900	0.74	0.74	0.62	0.80	13.46	4.04	10.98	-1.08	0	0	0	1
1995051808	0.70	0.74	0.71	0.73	14.45	11.34	14.79	10.68	2	2	2	2
1997071314	0.83	0.80	0.75	0.80	2.57	0.96	3.81	0.28	1	1	1	1
1999082500	0.74	0.70	0.64	0.72	0.51	-12.01	-11.37	-12.12	-2	-2	-2	-2
2000060200	0.68	0.66	0.59	0.68	1.68	-10.22	-9.52	-10.42	-2	-2	-2	-2
2003050300	0.82	0.82	0.78	0.82	-4.34	-11.18	-9.34	-11.60	1	2	1	2
2006072207	0.80	0.81	0.76	0.81	0.52	-8.00	-6.45	-7.87	0	0	0	0
2007072216	0.85	0.84	0.81	0.85	0.12	-4.53	-3.50	-4.74	0	0	0	0

表 4.5　考虑模型参数不确定性的验证期洪水过程确定性系数、洪量误差及洪峰滞时预报结果

洪号	确定性系数				洪量误差(%)				洪峰滞时(h)			
	新安江	均值	最大似然	流量众数	新安江	均值	最大似然	流量众数	新安江	均值	最大似然	流量众数
1983072120	0.70	0.71	0.72	0.71	7.63	5.02	6.72	5.41	3	3	3	3
1986061100	0.80	0.79	0.75	0.80	0.20	−9.37	−7.78	−9.07	−1	−1	−1	−1
1993091708	0.91	0.91	0.90	0.92	−4.37	−4.62	−2.34	−4.54	3	4	3	4
1996050220	0.70	0.71	0.64	0.72	10.43	1.11	2.26	1.13	1	1	1	1
2005070908	0.92	0.91	0.91	0.92	−0.04	−5.48	−3.61	−5.79	0	0	0	0
2009062912	0.87	0.88	0.87	0.88	0.19	−3.57	−1.42	−3.67	3	3	3	3

　　由表 4.2 和表 4.3 可知,从均值预报、最大似然预报及流量众数预报洪峰误差这三套结果来看,率定期和验证期共 18 场洪水中,均值预报洪峰误差在三套结果里为最小的洪水场次有 5 场,最大似然预报有 9 场,流量众数预报则有 4 场。因此,可以初步判断,对于洪峰预报值这一单项评价指标而言,最大似然预报值有更高的精度。

　　再比较上述三套洪峰误差中的最小值与新安江模型计算洪峰误差。率定期和验证期共 18 场洪水中,共有"1990042900""1995051808""1996050220""1997071314"和"2006072207"5 场洪水的新安江计算洪峰误差超过 2%,而这 5 场的均值预报、最大似然和流量众数三套预报洪峰结果的最小值均比新安江计算洪峰误差要小。反观其余 13 场洪水,其新安江计算洪峰误差均小于 2% 的情况下,均值预报等三套预报洪峰结果的最小值却比新安江计算结果要大。

　　分析原因是考虑参数不确定性的预报结果是对以每场的确定性系数为似然函数进行参数的抽样,并以此抽样值进行进一步的计算得到。其中最大似然预报结果是选用了参数 SM 和 CS 的最大似然值代入模型计算,这两个参数对于

洪峰影响较大,因此综合多场洪水来看,最大似然预报结果
的洪峰误差是较优的。由于每次参数抽样结果不一样,故对
于每一场洪水的每一个时刻容易得到浮动较大的结果,综合
一场洪水的所有时刻,对于实测值与新安江预报值相差甚小
的时刻,往往由于参数随机抽样的不确定性得到的预报洪峰
值反而会有更大的误差;相反,若实测值与新安江预报值相
差较大,经过考虑参数不确定性的计算,会得到误差较小的
预报洪峰;且从产生机理来说,由于考虑了模型参数本身预
报的不确定性,因此对洪峰值的预报也会产生影响。

　　由表 4.4 和表 4.5 可以看出,从均值预报、最大似然
预报及流量众数预报洪峰误差这三套结果来看,率定期和
验证期共 18 场洪水中,均值预报确定性系数在三套结果
里为最高的洪水场次有 8 场,最大似然预报有 2 场(其中 1
场与均值预报结果相同),流量众数预报则有 16 场(其中 8
场与均值预报结果相同)。且由三套预报结果中确定性系
数最高值与新安江模型计算结果对比,发现有 8 场洪水的
确定性系数前者高于后者,其中 8 场中有 7 场均来自流量
众数预报结果。因此可以推断,综合多场洪水过程,流量
众数预报结果的确定性系数是三套结果中最好的。洪峰
滞时方面,三套结果基本与新安江模型计算结果相同,仅
有"1990042900"及"1993091708"这两场洪水的流量众数
预报洪峰滞时比新安江模型计算结果延迟了 1 h。洪量误
差方面,从均值预报、最大似然预报及流量众数预报洪峰
误差这三套结果来看,率定期和验证期共 18 场洪水中,均
值预报确定性系数在三套结果里为最高的洪水场次有 2
场,最大似然预报有 11 场,流量众数预报则有 5 场。因此
可以初步判断,最大似然预报结果在洪量误差这个评价指
标方面是三套结果中最好的。

5 不确定性要素耦合下的洪水概率预报

前两章分别讲述了如何将降水不确定性和模型参数不确定性与新安江模型耦合。本章将采取随机抽样的方法将两种不确定性结合在一起，从而得到既考虑降水不确定性又考虑模型参数不确定性的洪水概率预报结果。

5.1　基于随机抽样的全要素耦合方法

如果单纯从数学角度通过降水真值的概率分布与模型参数的后验分布求出联合分布，从而得到全要素耦合的预报结果，这是一项比较复杂的运算过程。在本书中依旧是选择随机抽样的方法将两种不确定性要素进行耦合。其运算步骤如下：

（1）对于洪水预报预见期内的每个时段的降雨，均随机抽取一个值代表此时段的降雨真值。

（2）对于 MCMC 抽样产生的参数 SM 和 CS 的 7 500 组数据中，随机抽取一组参数值，并结合上一步骤中产生的一组随机的预见期内的降雨将其代入确定性水文模型计算得到一组流量数据。

（3）同样，按照上述步骤（1）和（2）的随机抽样方法，抽若干次，例如 10 000 次，便可得到 10 000 组流量数据。

（4）将每一时刻 10 000 个流量值进行排序，即可得到均值预报、众数预报及不同置信区间下的概率预报。

5.2　全要素耦合预报定量分析

5.2.1　全要素耦合预报结果

本节依旧选用之前确定性预报中所使用的共 18 场洪水，按照以上步骤将降雨不确定性和模型参数不确定性与新安江模型耦合，从而得到考虑降雨不确定性和参数不确定性的洪水概率预报。验证期洪水过程线如图 5.1～图 5.6 所示。预报结果如表 5.1、表 5.2 所示。

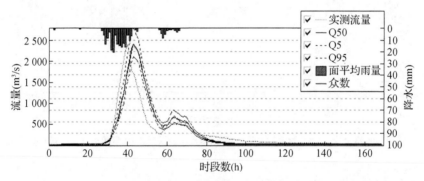

图 5.1　"1983072120"场次洪水流量实测值、全要素耦合均值预报、90%置信区间及流量众数预报结果

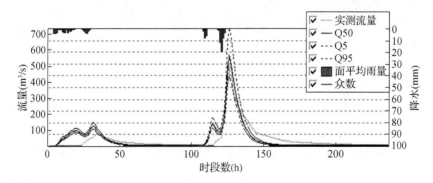

图 5.2　"1986061100"场次洪水流量实测值、全要素耦合均值预报、90%置信区间及流量众数预报结果

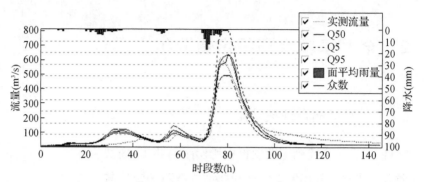

图 5.3　"1993091708"场次洪水流量实测值、全要素耦合均值预报、90%置信区间及流量众数预报结果

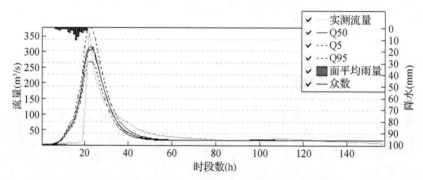

图 5.4　"1996050220"场次洪水流量实测值、全要素耦合均值预报、90%置信区间及流量众数预报结果

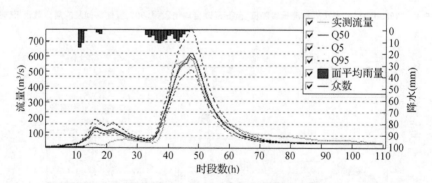

图 5.5　"2005070908"场次洪水流量实测值、全要素耦合均值预报、90%置信区间及流量众数预报结果

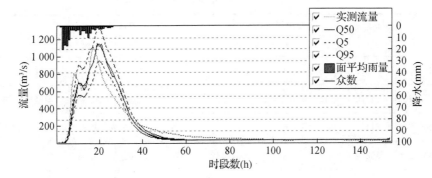

图 5.6 "2009062912"场次洪水流量实测值、全要素耦合均值预报、90％置信区间及流量众数预报结果

表 5.1 全要素耦合的洪水率定期洪峰预报结果

洪号	实测洪峰（m³/s）	预报洪峰（m³/s）			洪峰误差（％）			90％置信区间
		新安江	均值	众数	新安江	均值	众数	
1980061000	342.0	338.1	356.0	343.4	−1.13	4.10	0.42	[292.2,453.2]
1984080814	718.0	716.3	777.4	784.8	−0.23	8.27	9.31	[620.7,967.9]
1987043000	651.0	650.6	673.5	677.5	−0.06	3.46	4.07	[532.1,867.6]
1989050808	459.6	460.2	474.5	480.2	0.13	3.24	4.47	[394.6,570.0]
1990042900	309.0	285.2	290.3	297.8	−7.69	−5.98	−3.61	[135.0,335.3]
1995051808	631.0	574.0	587.1	599.6	−9.04	−6.95	−4.98	[474.8,763.6]
1997071314	297.3	289.9	296.7	289.8	−2.49	−0.18	−2.53	[257.6,342.5]
1999082500	101.4	101.6	106.4	104.8	0.17	4.92	3.31	[95.6,119.5]
2000060200	246.0	245.6	262.1	252.6	−0.18	6.53	2.69	[210.7,330.5]
2003050300	635.0	181.5	623.6	585.7	−1.64	−1.80	−7.76	[472.6,937.1]
2006072207	384.0	377.9	405.0	411.3	−1.58	5.48	7.11	[321.3,515.1]
2007072216	277.3	277.8	293.5	296.7	−0.09	5.83	6.97	[251.4,345.0]

表 5.2 全要素耦合的洪水验证期洪峰预报结果

洪　号	实测洪峰 (m³/s)	预报洪峰（m³/s）			洪峰误差（%）			90%置信区间
		新安江	均值	众数	新安江	均值	众数	
1983072120	2 390.0	2 343.9	2 423.3	2 411.6	−1.93	1.39	0.90	[2116.0,2790.9]
1986061100	512.0	511.3	551.3	568.2	−0.14	7.68	10.98	[431.7,733.3]
1993091708	614.0	616.9	639.0	631.2	0.47	4.06	2.81	[495.2,808.8]
1996050220	368.0	301.2	316.4	314.1	−18.14	−14.03	−14.64	[268.9,377.9]
2005070908	586.5	589.5	622.0	607.2	0.51	6.06	3.52	[509.8,774.8]
2009062912	1 118.6	1 117.5	1 150.3	1 154.5	−0.09	2.84	3.21	[954.1,1355.6]

从表 5.1 和表 5.2 可以看出，比较均值预报及流量众数预报两套洪峰误差中的最小值与新安江模型计算洪峰误差。率定期和验证期共 18 场洪水中，共有 8 场洪水的新安江计算洪峰误差超过 1%，而这 8 场的均值预报和流量众数两套预报洪峰结果的最小值均比新安江计算洪峰误差要小。反观其余 10 场洪水，其新安江计算洪峰误差均小于 1% 的情况下，均值预报等两套预报洪峰结果的最小值却比新安江计算结果要大。

从表 5.3 和表 5.4 可以看出，比较均值预报及流量众数预报两套洪峰误差中的最小值与新安江模型计算洪量误差。率定期和验证期共 18 场洪水中，共有 10 场洪水的新安江计算洪量误差超过 1%，而这 10 场的均值预报和流量众数两套预报洪峰结果的最小值均比新安江计算洪量误差要小。反观其余 8 场洪水，其新安江计算洪量误差均小于 1% 的情况下，均值预报等两套预报洪量结果的最小值却比新安江计算结果要大；确定性系数方面，均值预报和流量众数预报除少数几场高于新安江模型计算结果，其余大部分场次均稍低于新安江模型。分析原因可能是由于考虑了降雨不确定性和模型参数不确定性,从而加重了计算流量的不确定性,因此确定性系数有所降低;洪峰滞时方面基本无太大差别,仅"1999082500"场次众数预报洪峰滞时比新安江模型计算延迟 1 h,"2003050300"和"2009062912"场次众数预报洪峰滞时比新安江模型计算提前 1 h。

表 5.3　全要素耦合的洪水率定期确定性系数、洪量误差及洪峰滞时预报结果

洪 号	确定性系数			洪量误差(%)			洪峰滞时(h)		
	新安江	均值	众数	新安江	均值	众数	新安江	均值	众数
1980061000	0.92	0.92	0.91	−1.28	−0.93	−2.88	0	0	0
1984080814	0.77	0.72	0.73	5.59	8.19	5.95	1	1	1
1987043000	0.83	0.83	0.83	−0.42	−1.66	−2.83	2	2	2
1989050808	0.75	0.74	0.75	−0.25	−0.55	−2.21	3	3	3
1990042900	0.74	0.70	0.61	13.46	−2.47	−8.46	0	0	0
1995051808	0.70	0.71	0.72	14.45	12.52	11.11	2	2	2
1997071314	0.83	0.83	0.83	2.57	−1.36	−4.72	1	1	1
1999082500	0.74	0.71	0.71	0.51	2.11	2.00	−2	−2	−3
2000060200	0.68	0.65	0.66	1.68	3.66	1.41	−2	−2	−2
2003050300	0.82	0.82	0.85	−4.34	−5.88	−9.29	2	2	1
2006072207	0.80	0.80	0.80	0.52	0.56	0.91	0	0	0
2007072216	0.85	0.84	0.84	0.12	−0.54	−1.63	0	0	0

表 5.4　全要素耦合的洪水验证期确定性系数、洪量误差及洪峰滞时预报结果

洪 号	确定性系数			洪量误差(%)			洪峰滞时(h)		
	新安江	均值	众数	新安江	均值	众数	新安江	均值	众数
1983072120	0.70	0.71	0.71	7.63	7.26	5.75	3	3	3
1986061100	0.80	0.78	0.78	0.20	3.18	1.54	−1	−1	−1

洪　号	确定性系数			洪量误差（％）			洪峰滞时（h）		
	新安江	均值	众数	新安江	均值	众数	新安江	均值	众数
1993091708	0.91	0.90	0.90	−4.37	1.43	0.68	3	3	3
1996050220	0.70	0.66	0.67	10.43	12.22	10.46	1	1	2
2005070908	0.92	0.92	0.93	−0.04	2.75	0.03	0	0	0
2009062912	0.87	0.87	0.87	0.19	0.37	0.92	3	3	2

5.2.2　不确定性预报结果对比

前文已分别从考虑降雨不确定性、模型参数不确定性和全要素不确定性的情况下做出洪水的概率预报。为更好地对比这三套预报结果，本书从每场洪水的洪峰90％置信区间预报值入手，通过对比其区间宽度，从而得到三套预报结果洪峰时刻由随机抽样系列产生的流量概率密度函数方差的直观展示。

表5.5和表5.6给出了三套预报结果中各洪水场次洪峰时刻90％置信区间预报值及区间宽度。

表 5.5　不确定性预报结果率定期洪峰 90％置信区间结果对比

洪　号	洪峰 90％置信区间预报（m³/s）			置信区间宽度（m³/s）		
	降水	参数	全要素	降水	参数	全要素
1980061000	[286.6,436.0]	[316.9,372.2]	[292.2,453.2]	149.4	56.2	161
1984080814	[609.6,953.4]	[674.6,781.2]	[620.7,967.9]	343.8	106.6	347.2
1987043000	[547.7,853.2]	[577.5,692.9]	[532.1,867.6]	305.5	115.4	335.5
1989050808	[406.0,577.7]	[415.4,476.1]	[394.6,570.0]	171.7	60.7	175.4
1990042900	[232.3,366.7]	[238.7,327.5]	[135.0,335.3]	134.4	88.8	200.3
1995051808	[484.3,763.8]	[497.2,599.8]	[474.8,763.6]	279.5	102.6	288.8
1997071314	[260.7,344.7]	[267.9,297.9]	[257.6,342.5]	84.0	30.0	84.9

洪号	洪峰 90% 置信区间预报(m³/s)			置信区间宽度(m³/s)		
	降水	参数	全要素	降水	参数	全要素
1999082500	[95.1, 116.2]	[95.8, 102.2]	[95.6, 119.5]	21.1	6.4	23.9
2000060200	[205.7, 314.3]	[227.4, 260.8]	[210.7, 330.5]	108.6	33.4	119.8
2003050300	[491.3, 908.3]	[545.8, 658.9]	[472.6, 937.1]	417.0	113.1	464.5
2006072207	[312.6, 492.6]	[357.7, 421.7]	[321.3, 515.1]	180.0	64.0	193.8
2007072216	[247.2, 334.3]	[260.2, 294.2]	[251.4, 345.0]	62.1	34.0	93.6

表 5.6   不确定性预报结果验证期洪峰 90% 置信区间结果对比

洪 号	洪峰 90% 置信区间预报(m³/s)			置信区间宽度(m³/s)		
	降水	参数	全要素	降水	参数	全要素
1983072120	[2085.1, 2755.8]	[2165.9, 2466.0]	[2116.0, 2790.9]	670.7	300.1	674.9
1986061100	[429.6, 702.2]	[464.0, 546.6]	[431.7, 733.3]	272.6	82.6	301.6
1993091708	[523.8, 793.0]	[542.6, 640.7]	[495.2, 808.8]	269.2	98.3	313.6
1996050220	[271.5, 369.2]	[280.6, 314.1]	[268.9, 377.9]	97.7	33.5	109
2005070908	[523.1, 774.7]	[527.5, 601.2]	[509.8, 774.8]	251.6	73.7	265
2009062912	[984.4, 1349.9]	[1042.5, 1167.8]	[954.1, 1355.6]	365.5	125.3	401.5

由表 5.5 和表 5.6 可知,洪峰 90% 置信区间的宽度由小及大依次为:考虑模型参数不确定性的预报结果、考虑降雨不确定性的预报结果、考虑全要素耦合的预报结果。由此可以知道,各预报结果在洪峰时刻(亦可推知洪水过程的其他时刻)的流量概率密度函数的方差按照上述预报结果次序是依次递增的。这从降雨径流产生机制上来解释也是合理的。因为,降雨作为洪水产生的主要因素,其不确定性必然比单纯从模型参数考虑的不确定性要大;而全要素耦合的预报结果是集合了降水的不确定性和模型参数的不确定性,因此其不确定性均比这两者要大。

6 总结与展望

6.1 总结

洪水预报是非工程防洪减灾措施的重要组成内容,但一直以来,洪水预报提供的都是一种确定性的定值预报,无法对调度方案及防洪决策的可能风险做出客观评估。在淮河流域,随着对洪水预报精准度、行蓄洪区调度决策和风险管理水平的要求越来越高,现有洪水预报的手段与方式难以适应新形势下流域防洪减灾和行蓄洪区调度管理的需要,所以,黄泥庄流域作为淮河流域的一个典型子流域,对其进行概率预报模型的建立与方法的探索,对于提高洪水预报能力和丰富预报信息内容以及淮河流域实际防灾减灾工作具有重要的意义。本书基于新安江水文模型预报的基础上,通过考虑降水不确定性、模型参数不确定性及全要素耦合,给出了洪水概率预报的模型和方法。具体的研究内容总结如下:

(1) 对黄泥庄流域进行 DEM 数字化,划分三个子区域。选用 1980—2009 年间共 18 场洪水,确定计算时段为 1 h,使用泰森多边形求出各子区域的时段面平均雨量及蒸发量。选用新安江模型为确定性水文模型,将降水和蒸发代入模型计算,获得确定性水文模型预报结果。

(2) 根据抽站法理论,认为选用的每个时刻的降雨值并非其真值。本书利用由抽站法衍生的江西省雨量站网密度公式的转化公式,根据黄泥庄流域的高程、流域面积及雨量站数,获得其降雨真值的分布。然后针对每一个时刻,代入模型计算的降雨值均是从其降雨真值分布中随机抽取的数值,这样每一场洪水的一组随机雨量过程即可形成。如此步骤抽取 10 000 次,即形成了 10 000 组随机雨量过程,即得到 10 000 组流量过程,从而进一步获得流量的概率预报。

(3) 根据新安江模型调参过程,认为表层自由水蓄水容量 SM 和河网蓄水消退系数 CS 更加敏感,因此作为考虑模型参数不确定性的主要参数。选用 MCMC 抽样方法中的 AM 算法,即不考虑模型参数 SM 和 CS 的先验分布,将其统一假设为均匀分布(给定参数取值范围),将公式(4.12)作为似然度函数,给定初始参数值和初始协方差矩阵,不断生成后续随机参数组,代入新安江模型计算之后,利用似然度函数判断是否接受此组随机参数。按照上述步骤进行不断抽样,从而得到 7 500 组参数值(抽样 10 000 次,其中每组前 500 个参数值作为初始阶段舍去)。将此 7 500 组参数值分别代入新安江模型,从而每场洪水都得到 7 500 个流量过程,继而进一步获得流量的概率预报。

(4) 由于单纯从数学角度通过降水真值的概率分布与模型参数的后验分布求出联合分布是比较复杂的运算过程。在本书中选择随机抽样的方法将两种不确定性要素进行耦合。每一个时刻的降雨值在其给定降雨预报值的条件下都能得到一个降雨真值概率分布,从中随机抽取一个值代表此时刻的降雨真值,产生每一场洪水的一组雨量过程即可形成;再从前面得到的 7 500 组参数值中随机抽取一组参数值,代入新安江模型计算得到一组流量过程。按照上述步骤进行不断地随机抽样(抽 10 000 次),得到 10 000 组流量过程,从而获得全要素耦合的洪水概率预报结果。

(5) 分析比较考虑降水不确定性、模型参数不确定性和全要素耦合的预报结果,得到三种预报结果不确定性大小关系,从降雨径流机制解释其具有合理性。

6.2　展望

本书基于新安江水文模型,从考虑降水不确定性、模型参数不确定性和全要素耦合的角度建立了洪水概率预报的模型和方法,取得了一些成果。但同时也发现有一些问题值得进一步思考和研究。

1）降雨不确定性

本书是利用江西省雨量站网公式推导出降雨真值与流域面积、高程及雨量站数目之间的关系,从而得到降雨真值基于给定预报值下的概率密度函数。由于现有的短期降雨预报精确度不高,因此实际降雨预报值基本是采用测量落地雨量的方式给出。若未来能在短期降雨预报方面有较大发展,则可考虑利用贝叶斯或其他概率预报方法将其预报值与落地雨量预报值进行耦合,从而得到降雨量的概率密度函数。

2）模型参数的先验分布

本书是采用 AM 算法进行模型参数的不确定性研究,其中参数的先验分布默认为满足一定取值范围内的均匀分布。从文中的参数后验分布可以看出,其经过抽样后虽然可以得到参数的最大似然值,但其后验分布形状依然没有很明显的特征。因此后续可以考虑按照流域实际情况直接拟定参数的先验分布(例如查阅参数的最常取值和常规取值范围,从而构建三角分布),然后按照经典 MCMC 抽样方法进行后验分布的推导,这样可使得参数的后验分布具有更好的代表性。

3）全要素耦合方法

由于本书中基于考虑求降雨概率分布和参数后验分布的联合分布具有较大的难度，因此采用随机抽样的方法进行全要素耦合的概率预报。但是若要得到更为精确的预报结果，应当从数学角度将此联合分布求出。就这个角度而言，要求降雨概率密度函数和参数的后验密度函数要尽可能形式简洁。

参 考 文 献

[1] 中国大百科全书出版社. 中国大百科全书 大气科学 海洋科学 水文科学[M]. 北京:中国大百科全书出版 社,1987:726.

[2] 包为民. 水文预报(第三版)[M]. 北京:中国水利水电 出版社,2006:1-10.

[3] 郭生练. 水库调度综合自动化系统[M]. 武汉:武汉 水利电力大学出版社,2000:110-118.

[4] 王善序. 贝叶斯概率水文预报简介[J]. 水文,2001,21 (5):33-34.

[5] 张洪刚,郭生练,何新林,等. 水文预报不确定性的研 究进展与期望[J]. 石河子大学学报(自然科学版), 2006,24(1):15-21.

[6] 张利平,夏军. 短期定量降水预报研究进展[J]. 武汉 水利电力大学学报,2000,33(1):63-67,69.

[7] Toth E,Montanari A,Brath A, et al. Comparison of short-term rainfall prediction models for real-time flood forecasting[J]. Journal of Hydrology, 2000, 239(1-4):132-147.

[8] 郭生练,彭辉,王金星,等. 水库洪水调度系统设计与 开发[J]. 水文,2001,21(3):4-7.

[9] Kelly K S, Krzysztofowicz R. Precipitation uncertainty processor for probabilistic river stage forecasting[J].

Water Resources Research,2000,36(9):2643－2653.

[10] Beven K J. Propheey, reality and uncertainty in distributed Hydrological modeling [J]. Advances in Water Resources，1993,16(1):41－51.

[11] Beven K J. How far can we go in distributed hydrological modeling [J]. Hydrol. Earth System Science,2001,5:1－12.

[12] Beven K J. Towards an alternative blueprint for a physically based digitally simulated hydrologic response modeling system [J]. Hydrological Processes,2002,16: 189－206.

[13] 张宇,梁忠民. BFS 在洪水预报中的应用研究[J]. 水电能源科学,2009,27(5):44－47.

[14] 武震,张世强,丁永建,等. 水文系统模拟不确定性研究进展[J]. 中国沙漠,2007,27(5):890－896.

[15] 梁忠民,戴荣,李彬权,等. 基于贝叶斯理论的水文不确定性分析研究进展[J]. 水科学进展,2010,21(2): 274－281.

[16] 卫晓婧. 流域水文模型不确定性研究进展[J]. 中国水运(下半月),2008,8(7):166－167.

[17] 陈昌军,郑雄伟,张卫飞,等. 三种水文模型不确定性分析方法比较[J]. 水文,2012,32(2):16－20.

[18] 石教智,陈晓宏. 流域水文模型研究进展[J]. 水文, 2006,26(1):18－22.

[19] 张洪刚,郭生练,王才君,等. 概念性流域水文模型参数优选技术研究[J]. 武汉大学学报(工学版),2004, 37(3):18－26.

[20] Crawford N H, Linsley R K. Digital simulation in

hydrology. Stanford Watershed Model IV. 1966.

[21] Sittner, WT, Schanss, CE, Monro, JC. Continuous Hydrograph Synthesis with an API-Type Hydrologic Model[J]. Water Resources Research, 1969, 5(5): 1007 – 1022.

[22] Msugawara, IWatanabe, EOzaki, YKatsuyama. Tank Model Programs for Personal Computer and the Way to use [M]. Japan: National Research Center for Disaster Prevention, 1961:5 – 21.

[23] Burnash R J C, Ferral R L, Mc Guire, R A. A Generalized Streamflow System: conceptual modeling for digital computers. 1973.

[24] Beven, K J, Kirkby, M J. A physically based variable contributing area model of basin hydrology [J]. Hydrological Science Bulletin, 1979, 24(1):43 – 69

[25] Abbott, M B, Bathurst, J C, Cunge, J A. An introduction to the European hydrological system[J]. Hydrological Processes, 1986, 87(1): 45 – 77.

[26] 李向阳. 水文模型参数优选及不确定性分析方法研究 [D]. 大连：大连理工大学, 2005.

[27] Beven K J, Binley A. The future of distributed models: Model calibration and uncertainty prediction [J]. Hydrological Processes, 1992, 6(3):279 – 298.

[28] Kuczera G, Parent E. Monte Carlo assessment of parameter uncertainty in conceptual catch-ment models: the Metropolis algorithm [J]. Journal of Hydrology, 1998, 211(02):69 – 85.

[29] Mark Thyer, Benjamin Renard, Dmitri Kavetski, et

al. Critical evaluation of parameter consistency and predictive uncertainty in hydrological modeling: A case study using Bayesian total error analysis[J]. Water Resources Research,2009,45(12).

[30] Krzysztofowicz Roman. Bayesian model of forecasted time series [J]. Water Resources Research,1985,21(5): 805 - 814.

[31] Krzysztofowicz Roman, Reese S. Bayesian analysis of seasonal runoff forecasts [J]. Stochastic Hydrology and Hydraulics,1991,5:295 - 322.

[32] Krzysztofowicz Roman. A theory of flood warning systems [J]. Water Resources Research, 1993, 29 (12):3981 - 3994.

[33] Kelly Karen S, Krzysztofowicz Roman. Probability distributions for flood warning systems [J]. Water Resources Research,1994,30(4):1145 - 1152.

[34] Kelly Karen S, Krzysztofowicz Roman. A bivariate meta-Gaussian density for use in hydrology [J]. Stochastic Hydrology. Hydraulics,1997,11:17 - 31.

[35] Krzysztofowicz Roman,Kelly Karen S. Hydrologic uncertainty processor for probabilistic river stage forecasting [J]. Water Resources Research,2000,36 (11):3265 - 3277.

[36] 熊立华,郭生练. 三水源新安江模型异参同效现象的研究[C].//第二届全国水问题研究学术研讨会论文集. 2004:151 - 155.

[37] 王善序. 贝叶斯概率水文预报简介[J]. 水文,2001,21 (5):33 - 34.

[38] 钱名开,徐时进,王善序,等.淮河息县站流量概率预报模型研究[J].水文,2004,24(2):23-25.

[39] 黄琼.降雨变异性对水文过程模拟影响研究[D].南京:河海大学,2006.

[40] Kelly K S, Krzysztofowicz R. Precipitation uncertainty processor for probabilistic river stage forecasting[J]. Water Resources Research, 2000, 36(9).

[41] Krzysztofowicz Roman. Bayesian theory of probabilistic forecasting via deterministic hydrologic model[J]. Water Resources Research,1999,35(9):2739-2750.

[42] Kavet Skid, Kuczer G, Franks S W. Bayesian analysis of input uncertainty in hydrological modeling: Theory [J]. Water Resources Research,2006,42.

[43] Ajamin K, Duan Qing-yun, Sorooshian S. An integrated hydrologic Bayesian multi-model combination framework: Confronting input, parameter, and model structural uncertainty in hydrologic prediction [J]. Water Resources Research,2007,43.

[44] 李明亮.基于贝叶斯统计的水文模型不确定性研究[D].北京:清华大学,2012.

[45] 戴荣.贝叶斯模型平均法在水文模型综合中的应用研究[D].南京:河海大学,2008.

[46] Hoeting J A, Raftery M D, Volinsky A E. Bayesian model averaging: A tutorial[J]. Statistical Science, 1999, 14(4):382-401.

[47] 梁忠民,戴荣,王军,等.基于贝叶斯模型平均理论的水文模型合成预报研究[J].水力发电学报,2010,29(2):114-118.

[48] Thiemann M, Trosset M, Gupta H, et al. Bayesian recursive parameter estimation for hydrologic models[J]. Water Resources Research, 2001, 37 (10):2521 – 2535.

[49] Kuezera G, Parent E. Monte Carlo assessment of parameter uncertainty in Conceptual catchment models: the Metropolis algorithm [J]. Journal of Hydrology,1998,211(1 – 4):69 – 85.

[50] Freer J, Beven K, Ambroise B. Bayesian estimation of uncertainty in runoff prediction and the value of data:an application of the GLUE approach[J]. Water Resources Research,1996,32(7):2161 – 2173.

[51] Cameron D S, Beven K J, Tawn J, et al. Flood frequency estimation by Continuous simulation for a gauged upland catchment (with uncertainty) [J]. Journal of Hydrology,1999,219(3 – 4):169 – 18.

[52] Franks S W, Beven K J. Bayesian estimation of uncertainty inland surface-atmosphere flux predictions [J]. Geophysical Research, 1997, 102 (D20):23991 – 23999.

[53] Montanari A. A large sample behaviors of the generalized likelihood uncertainty estimation(GLUE) in assessing the uncertainty of rainfall-runoff simulations [J]. Water Resources Research,2005,41(8):w08406.

[54] Romanowiez R, Young P C. Data assimilation and uncertainty analysis of environmental assessment problems—an application of stochastic transfer function and generalized uncertainty estimation

techniques[J]. Reliability Engineering & System Safety,2003,79:161-174.

[55] 赵人俊.新安江模型参数的分析[J].水文,1988(6):2-9.

[56] 赵人俊. 流域水文模拟——新安江模型与陕北模型[M]. 北京:水利电力出版社,1984.

[57] 张洪刚,郭生练,李超群,等. 水文预报不确定性研究进展与展望[J]. 石河子大学学报(自然科学版),2006,24(1):15-20.

[58] 刘薇,任立良,徐静,等. 基于新安江模型的降雨不确定性传播[J]. 水资源保护,2009,25(6):33-36.

[59] 梁忠民,蒋晓蕾,曹炎煦,等.考虑降雨不确定性的洪水概率预报方法[J].河海大学学报（自然科学版）,2016,1,44(1):8-11.

[60] 刘权授,张桂娇,刘筱琴.江西省中小河流雨量站网的合理布设[J]. 江西水利科技,1990(4):5-14.

[61] 梁忠民,李彬权,余钟波,等. 基于贝叶斯理论的TOPMODEL参数不确定性分析[J]. 河海大学学报,2009,37(2):129-132.

[62] Geman S, Geman D. Stochastic relaxation, Gibbs distributions and the Bayesian restoration of images[J]. IEEE Transactions on Pattern Analysis and Machine Intelligence, 1984, 6:721-741.

[63] Gelfand A E, Smith A F M. Sampling based approach to calculating marginal densities [J]. Journal of the American Statistical Association, 1990, 85:398-409.

[64] Metropolis N, Rosenbluth A W, Rosenbluth M N,

et al. Equations of state calculations by fast computing machines [J]. Chem. Phys. , 1953, 21: 1087 - 1091.

[65] Hastings W K. Monte Carlo sampling methods using Markov chains and their applications [J]. Biometrika, 1970, 57: 97 - 109.

[66] Gilks W R, Best N G, Tan K K C. Adaptive rejection Metropolis sampling for Gibbs sampling [J]. Applied Statistics, 1995, 44: 455 - 72.

[67] Haario H, Saksman E, Tamminem J. An adaptive Metropolis algorithm [J]. Bernoulli, 2001, 7(2) : 223 - 242.